U0393484

湾区农讯
百强技术
（2022）

潘　广◎主编

中国农业出版社
农村读物出版社
北　京

图书在版编目（CIP）数据

湾区农讯百强技术.2022/潘广主编. —北京：
中国农业出版社，2022.8
ISBN 978-7-109-29907-8

Ⅰ.①湾…　Ⅱ.①潘…　Ⅲ.①信息技术－应用－农业
－广东－2022　Ⅳ.①S126

中国版本图书馆CIP数据核字（2022）第157398号

中国农业出版社出版

地址：北京市朝阳区麦子店街18号楼
邮编：100125
责任编辑：吴洪钟　　文字编辑：林维潘
版式设计：杨　婧　责任校对：沙凯霖　责任印制：王　宏
印刷：北京通州皇家印刷厂
版次：2022年8月第1版
印次：2022年8月北京第1次印刷
发行：新华书店北京发行所
开本：787mm×1092mm　1/16
印张：13.5
字数：300千字
定价：100.00元

编辑委员会

目 录
CONTENTS

1

第四章　废弃物利用技术

第一章　种植业技术

1.观赏植物水培关键技术

1.1 技术简介

当今社会，人们对家居和室内环境越来越重视，传统的土培花卉管理烦琐，易滋生病虫害，作为环保型的水培花卉技术刚好解决了这个问题。顾名思义，水培花卉技术就是用水对观赏花卉进行养护，将观赏花卉经过科学的生物诱导和驯化后直接栽养在盛有营养液的容器中以供绿化美化环境的方法。水培花卉技术由于栽培方法环保，易于养护，

水培花卉栽培

还可集赏花、观根、养鱼于一体，在居民楼、写字楼、酒店宾馆及大型商厦等室内绿化、美化装饰中被广泛应用，市场的占有份额也在逐年增长。仅以广州为例，2019年商场、宾馆等室内中小盆装饰植物中水培花卉占比上升到五成以上，品质优良的水培花卉产品更是供不应求。广东省农业科学院观赏植物研究团队在经过对51科209种（品种）观赏植物进行了水培盆栽试验后，创新性地发明了观赏植物水培关键技术，并取得了丰硕的成果。

1.2 技术创新

该技术主要创新点有以下几个方面：①将209个品种的观赏植物依据其水培适应性特点筛选分成了四个水培盆栽类型，在国际上首次建立了观赏植物水培适应性综合评价体系；②根据不同植物根系对水培盆栽条件的响应，掌握了水生性植物根系生长的规律与特点，建立了留根诱导培养法等水生性根系驯化培养技术；③研究了不同观赏植物的营养需求特性，筛选出适宜的水培营养液配方并计算出使用参数；④查明了水培条件下藻类植物生长的特点，通过活性炭吸附等技术手段达到控藻的效果，同时发明了具有过滤功能的新型水培承载装置等系列产品；⑤建立了观赏植物水培工厂化生产技术体系，制定了水培花卉栽培技术规程和水培花卉产品质量标准，研发了新型水培装置及配套产品。

技术所获证书

1.3 行业与市场分析

该技术成果从关键技术建立、适应性评价、相关装置设计到产品开发应用进行了系统研究，为观赏植物水培开发与应用提供了重要的关键技术，促进了这一新兴产业的快速发展，提高了花卉观赏价值和产品附加值。该技术成果通过产品开发、技术指导等形式主要在珠江三角洲地区得到了推广和应用，开发了大量优质产品并在室内美化装饰领域获得了良好的应用效果。该技术成果也解决了出口观赏植物检疫的瓶颈问题。观赏植物水培关键技术的应用推广，在污水处理等行业也能产生较大的生态效益。

2. 益肾香丝苗培育技术

2.1 技术简介

肾病患者常因肾功能下降引发蛋白质代谢障碍，因此除了服用药物等手段进行治疗外，还需配合低蛋白饮食调理，控制蛋白质尤其是水溶性蛋白的总摄入量，以减少血液中的氮素含量，减轻肾脏的负担，以利患者的治疗与康复。我国居民通常以大米为主粮，普通大米的总蛋白质含量占大米重量的7%～11%，主要分为谷蛋白（占总蛋白的70%～80%）和醇溶蛋白（占总蛋白的15%～20%）。谷蛋白的水溶性好，故也称为水溶性蛋白，其易被人体消化吸收；醇溶蛋白则不溶于水，食用后绝大多数不被吸收而排出体外。因此，要降低稻米总蛋白含量，关键是降低稻米中可吸收的水溶性蛋白含量。广东省农业科学院水稻科研团队利用最新培育技术培育出功能稻品种——益肾香丝苗，是一种适宜肾病患者作为主粮的丝苗型低谷蛋白香稻新品种。

2.2 技术创新

当前，业界普遍认定谷蛋白含量低于4%的大米即为低谷蛋白大米，经检测益肾香丝苗的谷蛋白含量为3.2%，比普通大米低50%以上，是肾病患者较为理想的主粮之一。不仅如此，该品种米质优良，米饭香软且有弹性，外观和口感俱佳。

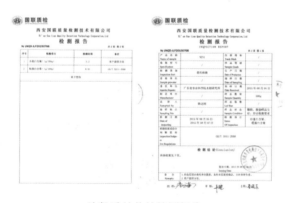

益肾香丝苗的检测报告

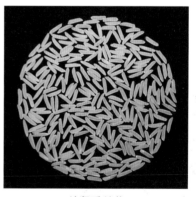

益肾香丝苗

2.3 行业与市场分析

2020年我国慢性肾病患者已超过1亿人，其中广州市已超过100万人，并以每年0.1%的速度增长。广州地处华南地区，居民多以籼稻大米为主食，培育优质籼型低谷蛋白水稻新品种符合该地区患者的消费习惯。华南地区市场尚未有籼型低谷蛋白稻米销售，并且低谷蛋白稻米的售价比一般稻米高 4～5 倍，利润非常可观。功能性丝苗型低谷蛋白香稻新品种益肾香丝苗的推广及市场化有助于提高华南地区人民的生活水平，满足特殊人群的需求。若采用有机栽培、集约化的生产方式，该品种亩[*]产稻谷以 400kg 计，如其售价比普通稻谷贵 4 元/kg，每亩即可增收 1 600 元。假如广州市年种植 5 万亩益肾香丝苗，即可为农民增加收益 8 000 万元。通过加工后还可进一步提高稻米的附加值，商家每年将获得不菲的收益。该品种市场化后不仅可以降低患者医疗成本，还可以促进农业增效、农民增收，为加快广东省效益农业发展和农业产业结构调整从而提升农业竞争力具有极其重要的推动作用。

3. 南药组织培养工厂化育苗技术

3.1 技术简介

近年来，随着人们对天然药物的重视，药用植物的应用越来越广泛，中药产业发展前景广阔。药用植物种苗是中药材产业发展的源头，是决定中药材质量的关键因素。长期采用无性繁殖容易导致种性的退化，本技术利用植物组织培养技术育苗，可以快速、高效地生产大批量优良的健康种苗，是提高药材品质的有效途径之一。

广东省农业科学院作物研究所南药科研团队以植物组织培养技术为核心，开展南药种苗尤其是优质珍稀品种的提纯复壮和快速繁育工作，并结合水肥一体化、绿色防控等标准化种植技术进行南药种苗的工厂化生产。截至 2019 年，已经形成春砂仁、广藿香、巴戟天、沉香、岗梅、两面针、葛根、铁皮石斛、金线莲、走马胎、牛大力、千金拔、花椒、鸡血藤、小桐子和独脚金等多种南药的组织培养技术体系。

| 巴戟天组培苗 | 百部组培苗 | 三颗针组培苗 |

---

* 亩为非法定计量单位，1 亩 = 1/15 公顷。——编者注

黄金艾组培苗　　　　　　　　　　走马胎组培苗

3.2 技术创新

该技术成果具有以下特点：

（1）相对于传统的种子育苗，该技术在缩短育苗时间的同时也大大节省了生产成本。使用组织培养技术得到的种苗，生长整齐度较为均匀，便于后期管理。

（2）使用组织培养技术进行种苗工厂化生产，可以按市场所需定量培育，保证南药市场的可持续发展。

技术所获证书

3.3 行业与市场分析

使用组织培养新技术进行南药种苗工厂化生产，可以用于种苗的快速繁育，如岗梅、两面针和走马胎等；也可适用于种苗的提纯复壮，如春砂仁、巴戟天和广藿香等。培养方法高效、快捷，可从源头保证药材的品质，是保障中药材产业可持续发展的重要技术支撑之一，市场应用前景广阔。

4. 牛大力驯化栽培及新品种培育技术

4.1 技术简介

牛大力，根可药用，具有保肝、祛痰、镇咳、平喘、抗疲劳、抗氧化、抗炎、提高免疫力等作用；也可食用，富含淀粉、粗纤维、粗脂肪、粗蛋白、钙、磷、镁、锌等营养成分，具有较高营养价值；在广东、广西等地作为煲汤食材，还可以制作保健酒等；牛大力种子可榨油，不饱和脂肪酸占78%左右，具有较高的保健价值。牛大力在中国尚未产业化，种植上有一定的局限，需要特别强调的是牛大力种植最关键的影响因素是品种的选择，种源决定种植的成败。为了满足市场需求，培育早熟、优质、高产以及适宜加工等优良性状的牛大力新品种成为产业发展的重要保障，中国热带农业科学院热带作物品种资源研究所项目团队开展了一系列对野生牛大力的人工驯化栽培研究工作，并成功驯化出热选1号牛大力品种，该品种表现出生长势强，适应性强，产量高，品质优的特点。2014年经海南省品种审定委员会认定为热选1号牛大力，为国内外首个牛大力新品种。

牛大力种苗

牛大力种植展示

4.2 技术创新

项目团队开展了牛大力种苗产业化组培技术的研发及高产栽培技术的研究，形成了有独立知识产权的组培苗繁育技术体系及高产栽培技术体系。在此过程中，团队共发表牛大力相关的研究论文10多篇，出版专著1部；获授权发明专利5项，实用新型专利1项；省级农作物认定品种1个。

技术所获证书

4.3 行业与市场分析

热选1号牛大力及其栽培技术曾分别被农业农村部定为"十三五"主推品种和栽培技术，在海南、广东、广西、云南等地进行推广种植。2012—2019年，项目团队繁育种苗实现直接经济收入超过1 000万元；直接推广面积超过2万亩，辐射推广面积为20多万亩，该技术的推广有效带动了当地农业增产增收。牛大力作为药食同源植物，在广东、广西、海南、香港等地食用已久，消费量较大。广东作为牛大力用量最大的省，最先认识到牛大力的巨大消费潜力和显著的经济效益，并将其作为重要扶贫产业进行发展，开发了多种功能性食品，产业链日趋完善。随着人们生活水平的提高和对牛大力的认知加深，其他地区的需求量也将快速增长，市场潜力巨大。

5.薄皮精品黄肉小西瓜琼丽培育技术

5.1 技术简介

进入21世纪以来，随着我国农业现代化的进程不断加快，适宜设施栽培的专用小型西瓜品种备受关注，但优良品种多以进口为主，种子价格昂贵。为了培育出适合我国南方地区本土生长的小西瓜特色品种，中国热带农业科学院西瓜育种科研团队利用地理远缘种质，采用多亲复合杂交技术，结合自交及单株选择法等育种方法，进行种质创新，获得新品种的亲本材料，然后再利用杂种优势育种技术，选育出具有自主知识产权的优质、高糖、薄皮、高抗的小型优良西瓜杂交新品种琼丽，填补了海南、广东和广西地区小型高档礼品西瓜品种的空白。该研究成果受到鉴定专家一致认可，认为达到了国内同类研究先进水平，琼丽新品种于2012年获得海南省科技进步三等奖，2013年获得海南省农作物品种认证，并于2018年通过了农业农村部品种登记。

琼丽西瓜具有优质、抗病、早熟、耐热等优点，先后在海南、广东、云南、广西等国内地区以及刚果（布）、泰国、柬埔寨等国外地区进行示范推广，取得良好的经济效益、社会效益和生态效益。琼丽西瓜在广东地区示范推广，表现特佳，其中心含糖量最高达到16.8%，创同类黄肉西瓜的新高，已被广州市农业农村局列入2020年广州市西瓜推广主导品种。

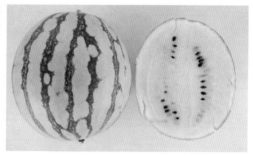

琼丽西瓜种植情况与产品展示

5.2 技术创新

中国热科院海南试验农场种植的琼丽西瓜，除表现肉质细腻，口感清香外，在炎热的夏季种植也表现出较强的耐热性，可全年栽培，每年每亩可种植3～4茬，每亩每茬产量可达2 000～3 000kg，每亩每茬实现利润1万～2万元，全年每亩可实现纯收入3万～8万元。

试验表明，琼丽西瓜中心含糖量平均为12.4%，每亩平均产量为3 630kg，显著高出对照小兰西瓜的平均产量水平。

技术所获证书

5.3 行业与市场分析

我国西瓜播种面积、产量以及平均单产均居世界第一位。全国西瓜的市场消费量占夏季果品市场总量的50%以上，占春秋季果品市场的25%左右。在种植业中，西瓜、甜瓜是农民快速实现经济增收的高效园艺作物，为实现农民增收发挥了重要作用。西瓜也是我国具有国际竞争力和较大经济增长空间的重要园艺作物。

海南位于祖国大陆南端，具有独特的气候条件。全年日照充足，温度、光照条件基本满足露地西瓜全年栽培的需要。其中当年11月至翌年4月为旱季，无台风暴雨，是种植西瓜的最佳季节。一年有三个季节可以生产西瓜：一是秋种冬收，二是冬种春收，三是春种夏收。冬季上市的西瓜在国内基本没有竞争对手，经济效益最高；春收西瓜也大多在4月底上市，竞争对手少，因此，海南的西瓜生产具有明显的优势。

琼丽西瓜新品种在国内外试种与生产示范结果表现良好，特别是华南地区，具有良好的适应性，非常适合设施栽培，可作为高端西瓜开发，发展潜力巨大。因此，通过推广琼丽等多抗性系列小型西瓜新品种，对热带亚热带地区乃至全国精品西瓜新品种更新换代、瓜农增收均具有重要的经济价值和社会价值。

6. 乡土花卉桃金娘种质资源收集与扦插快繁技术

6.1 技术简介

桃金娘别名山奶子、山稔子、山稔等，是桃金娘科桃金娘属常绿小灌木。主要分布于广西、广东、海南、福建、江西及湖南南部等地区。桃金娘集观赏、药用、营养保健等用途于一身，是一种优良的野生植物资源，具有较大的开发利用价值。桃金娘春可观花、秋可摘果，全株均可入药，具有"鲜春甜秋"的效果，非常适合用于现代观光农业中的造景和采摘种植。桃金娘具有耐贫瘠、耐干旱等适应性强的特点，对生长条件要求不严，能在贫瘠、干旱、酸性的土壤环境生长，多分布于光照充足、土壤贫瘠的砾石低山丘陵坡地，是生态恢复的优良树种，适宜于园林绿化和水土流失修复等情况。此外，桃金娘最重要的价值还体现在其自身的食药用功能。据《中华本草》中记载，桃金娘根、叶都可入药，其根具有祛风行气、益肾的功效，其叶具有健脾益血和收敛解毒的功效。另外，据《全国中草药汇编》记载，桃金娘以根、叶、果入药，性味甘、涩、平，具有清热解毒、收敛止泻、理气止痛、祛风活络及安胎的功效，可缓解呕吐泄泻、脘腹胀痛等。现代科学证明，桃金娘果实中的花青素含量较高，常被作为果酒加工的原料来源。

由于繁育周期较长等原因，目前桃金娘种质资源开发利用程度低，发展速度缓慢。赣南科学院乡土花卉团队系统地开展了桃金娘种质资源收集与扦插快繁技术的研究，建立了桃金娘种质资源库，为桃金娘的引种驯化、良种选育提供了稳定的基因库，也为其产业化可持续发展提供种质基础。

桃金娘扦插小苗　　　　　　　桃金娘花　　　　　　　　桃金娘浆果

6.2 技术创新

桃金娘传统的育苗方式为播种育苗，一般需2年左右时间出圃。该研究通过对扦插育苗技术攻关使育苗周期缩短到了12～18个月，生根成活率达90%左右，有效解决了桃金娘扦插繁殖成苗率低的问题。研究表明，容器袋直插育苗比大田扦插育苗可提前90d左右出圃，相比实生育苗方式，其花期更早，当年秋冬或翌年早春定植，夏季即可开花，而且所育种苗直立性好、整齐度高，能较好地运用于矿区修复、崩岗侵蚀治理、边坡修复等绿化工程，有较好的产业化发展前景。

砾石坡生态修复

水土流失修复

园林丛植

园林孤植

6.3 行业与市场分析

桃金娘种质资源收集及扦插快繁技术的建立，具有经济、生态等多方面的作用。尤其是在低质低效林改造过程中，需要大量优质良种苗木，但是从实践看，可供植被恢复和崩岗侵蚀治理等水土保持重点工程的树种极为有限，难于满足实际生产的要求，本项目有关桃金娘繁殖技术的研究恰好可以较好地解决这一问题，为森林质量的提高提供可靠的备选树种。随着社会经济发展，园林绿化更加注重乡土树种的应用开发，而桃金娘具有较好的园林观赏价值，非常适合应用于现代观光农业的造景和采摘种植，园林市场应用潜力大。

7. 气雾栽培开发沉香新资源技术

7.1 技术简介

广义上沉香常指瑞香科沉香属和拟沉香属等多个物种的含树脂木材，是珍贵药材和著名香料。全世界已将野生沉香资源物种列为濒危物种，受到《濒危野生动植物种国际贸易公约》保护。国内种植的沉香多为我国特有树种白木香，也称土沉香、莞香等，是广东省立法保护的首批珍稀岭南中药材品种之一。沉香药用历史悠久，除《本草纲目》外还被多种医药学典籍记录，2020年版《中华人民共和国药典》收载其功能主治为行气止痛，温中止呕，纳气平喘。沉香在我国香文化中历史地位尤其尊贵，列"沉檀龙麝"四大名香之首。2019年，中国已成为国际上最大的沉香消费终端市场，但大部分原料还依赖进口。随着土沉香人工种植规模不断扩大，人工结香技术成为研发焦点。然而以大树为结香原料存在着周期较长的天然弊端，再加上结香生物学机制的复杂性等原因导致人工结香水平长期难以提高，严重影响沉香从业者的积极性，制约了沉香行业的健康发展。

基于土沉香种子多、育苗技术简单、生长迅速等生物学特性，广州中医药大学岭南中药资源教育部重点实验室联合仲恺农业工程学院相关科研团队，凭借在中药资源学、植物生物学、设施农业和高分子材料等多学科领域的科研积累，独创性地探索出沉香资源开发新途径。研究表明，在半人工光等简易环境和设备条件下，无土栽培土沉香苗可在30d内收获气雾根；气雾根材料经过智能高分子液膜涂覆诱导处理后，可产生标志性致香成分2-(2-苯乙基) 色酮（GC-MS方法）。中国计量认证所出具的第三方检测报告表明，土沉香气雾根样品按照沉香标准检测浸出物含量为22.06%，超过2020版《中华人民共和国药典》最低标准含量的2倍。

白木香实生苗培育

采后气雾根液膜涂覆

气雾根近景

气雾培苗整体

7.2 技术创新

（1）相对于现有以大树为结香原料的生产方式，利用气雾栽培技术可在30d后收获土沉香结香原料根，是一种独创性全新技术，生产周期缩短为原来的1/50以下，相同时空条件下产能可提升10倍以上，同时还具有土地资源成本低、原材料利用率高、产品数量和品质稳定、生态友好等显著优势。

（2）利用智能高分子液膜涂覆技术胁迫诱导离体气雾根结香，是一种独创的新型人工结香技术，同时也具备使气雾根大树结香的应用潜力。

（3）利用土沉香苗气雾根开发沉香香粉和精油新资源，是无土栽培木本作物、岭南特色中药材、高附加值品种的都市现代农业新颖案例，是培育消费引领和创新引领新兴产业示范试点的理想载体。

技术所获证书

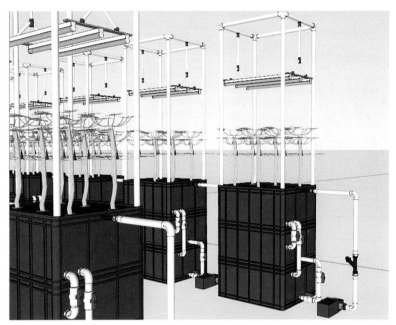

标准化设施示意图

7.3 行业与市场分析

据文献报道，沉香传统资源根据质量不同价格可相差百倍，国际市场初级成品精油价格可达每升3万美元。该项目技术途径相比传统生产途径产能大幅提高，生产时间也大幅缩短，总体产值显著提高，投资回报周期明显缩短。

尽管国内土沉香人工林种植面积已超过50万亩，但大树人工结香技术还不理想，生产供应能力仍然无法满足市场需求。本项目技术不仅具有独创性，也契合国家新兴产业培育和高质量发展战略导向，同时也符合国家中医药事业继承发展的政策要求。

都市现代农业是适应现代化都市生存与发展的必由之路。本项目所发明的气雾栽培生产沉香新资源技术具有不受地域环境的限制、最大程度避免农药残留和重金属污染、节约并高效利用多种资源、生态环境友好等多重优势，不仅能留住并吸引更多专业人才从事都市现代农业，也能通过改善农产品类原料供应状况促进沉香全产业链发展。

8. 作物增效富硒生产技术

8.1 技术简介

硒是人体所必需的营养元素，摄入适量的硒不仅可以维持正常生理代谢，还可以提高机体免疫力、抗衰老、促排毒、预防心血管疾病及癌症等多种疾病。中国有2/3以上耕地存在缺硒问题，直接导致农产品硒含量不足，主要粮食作物水稻、小麦、玉米籽粒中硒的平均含量多处于每千克30～70μg，而硒的理想含量值在每千克100μg以上。中国人日均硒摄入量仅为28～40μg，远低于国际营养学会推荐标准（60～75μg）。人体能够吸收利用的硒为有机态硒，因此作物富硒必须要富有机态硒。传统的作物富硒栽培方式有土壤施硒和叶面喷施等。华南双季稻地区土壤偏酸，施入土壤中的硒肥不易被植物所摄取；叶面喷施虽有效性高，但这易使可食部位硒含量超标且有机硒占比偏低，而且同种栽培的作物年度内和年际间硒含量变幅较大，不利于规模化、标准化生产。广东省农业科学院农业资源与环境研究所研究团队对富硒农产品生产技术环节和富硒肥加工技术环节进行研究，研发了作物增效富硒生产技术，取得了丰硕的成果。

兴宁振隆庄　　　　兴宁辰兴　　　　兴宁润丰　　　　蕉岭建丰

蕉岭南山寿　　　　梅州稻丰　　　　五华大昌　　　　深圳联益

作物增效富硒技术田间示范展示

8.2 技术创新

（1）富硒农产品生产技术环节：团队研发了增效富硒肥配方及配套施用技术，可以简化施肥流程、降低用工成本、提高肥料利用效率，并生产出符合国家标准的富硒农产品。依托雄厚技术优势，提供了包含"产前土壤环境质量评价→优质品种引荐→增效富硒标准化生产技术植入→产后产品质量追踪→产品富硒认证及品牌策划"在内的全产业链技术服务体系。

（2）富硒肥料生产加工技术环节：增效富硒技术在应用过程中可针对不同作物或栽培需求进行多元化处理，生产增效富硒肥料，提供包含"硒肥形态搭配方案→增效技术植入方案→作物专用产品多元化方案→配套施用技术"在内的产业化技术支撑。例如：①增效富硒技术与化肥进行技术融合后生产水稻富硒稳效肥，在富硒稻米生产时实现在插秧前一次性施用，即能满足整个生育期内水稻对氮、磷、钾养分的需求，减少施肥次数、节省施肥劳动力成本，并生产出达到国家标准的富硒稻米，实现稻米富硒的标准化、规模化、商品化生产；②增效富硒技术与有机肥进行技术融合后生产富硒有机肥，有机肥加工过程中以低成本有机硒物料为载体，结合特定微生物发酵工艺，生产出不添加化学物料的富硒有机肥，可轻松实现富硒栽培与有机栽培的同步。

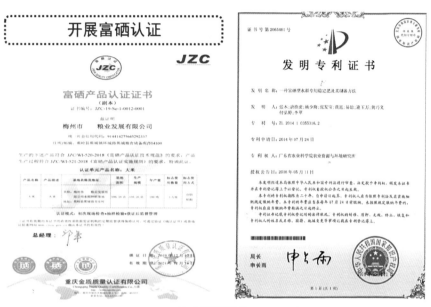

技术所获证书

8.3 行业与市场分析

2015年12月24日，中央农村工作会议在北京召开，会议强调，要着力加强农业供给侧结构性改革，提高农业供给体系质量和效率，使农产品供给数量充足，品种和质量的契合消费者需求。2019年5月20—22日，习近平总书记在江西考察时强调，要贯彻新发展理念，牢牢把握供给侧结构性改革这条主线，实施创新驱动发展战略，推动高质量发展，并着重考察了于都县梓山富硒蔬菜产业园。富硒农业属于功能农业范畴，据预测2030年中国功能型农产品产值在农业经济中所占比例将达到10%，因此具有广阔的市场发展潜力。发展高值富硒产业，符合人民对健康生活的需求，而且还能提升农产品市场竞争力，促进农业增效。

从个体需求上来看，硒是人体所必需营养元素，为预防普通疾病每日硒摄入量应为50μg，为预防亚健康每日硒摄入量应为100μg，为预防癌症等重大疾病每日硒摄入量应为200μg。以每日摄入量50μg来计算，假设全由大米来提供，如若摄入的是符合国家富硒米标准上限的0.3mg/kg，那么平均每天每人所需富硒大米约为0.17kg，则人均年消费62kg左右。因此，以我国人口总消费量为计算依据，富硒大米产业市场潜力巨大、经济效益十分可观。

9. 金都1号火龙果的繁育及栽培技术

9.1 技术简介

广东农垦热带农业研究院科研团队自2000年开始引种火龙果，经过多年的选育、繁育及种植技术的探索，形成了一套成熟的火龙果生产及种植管理技术规程。该规程集选苗、育苗、定植及防病技术于一体，操作简便，技术含量较高。科研团队自引进繁育金都1号火龙果种苗后，通过持续跟踪果实品质和产量等，在园区规划、定植方案、水肥管理、花果管理、病虫害防治等方面制订了成套的技术推广模式，并申请了一项"火龙果溃疡病防治方法"国家发明专利。

金都1号火龙果

9.2 技术创新

该专利技术的创新点在于定期检查火龙果园枝条感染溃疡病斑的状况，及时剪除病枝并销毁；在每年冬季最后一批火龙果摘完后，再次检查处理火龙果枝条感染溃疡病的状况，并连续多次对果园进行全园等量式波尔多液喷雾消毒；在高温高湿气候情况下，对火龙果以及新枝条定期喷撒专利配方药物。这种通过物理防治和专利配方药物防治相结合的方法，可以有效抑制火龙果溃疡病的发生，保护易感病的幼果、嫩枝及新枝，从而提升火龙果的产量和品质，提升火龙果种植的经济价值。

发明专利申请公布通知

技术规程

9.3 行业与市场分析

截至2020年10月，金都1号火龙果优质种苗已经在广东大部分地区实现了规模化种植。2013—2019年在阳江、湛江、茂名、惠州、揭阳等地累计推广近500万株种苗，种植面积超过1万亩，均由该团队全程提供种植技术指导，有效减少了火龙果溃疡病等各种病害的发生概率，减少花皮果数量，极大提升了优质商品果的比例，直接或间接给农民增加经济效益约1.5亿元。

金都1号火龙果品种自花授粉亲和性较好，无须人工授粉，果实个头大，果皮韧性好，耐贮运，常温下果实保质期可长达半个月；果肉颜色鲜红，肉质细腻，有玫瑰香味，甜度高达20度以上，具有广阔的市场前景。

10. 紫花含笑的异砧大砧嫁接技术

10.1 技术简介

紫花含笑，又称幽谷含笑，木兰科含笑属常绿小乔木或灌木，主要分布于华南地区、华东地区以及湖南等地。紫花含笑花色为紫红色、有香蕉味清香且春节后即开花，是含笑属中极其少有的红花树种，是著名的珍稀芳香类观赏花木，被园林界视为木兰科的珍品。近年来，紫花含笑苗木在市场上颇受欢迎，特别是米径3～15cm的紫花含笑大苗稀少，市场供不应求，价格居高不下。然而紫花含笑自然分枝少，前期基径生长较慢，而且利用播种育苗、扦插育苗或一年生砧木小苗嫁接等方法都难以在短期内培育出紫花含笑大苗，从而使其在园林景观工程上的应用受到很大的局限性。而同属木兰科的乐昌含笑、深山含笑、火力楠等苗木由于早年发展过快，出现严重的积压滞销现象。

鉴于此，赣南科学院林业科研团队采用乐昌含笑、深山含笑等乔木树种的大苗作为砧木，进行高位嫁接紫花含笑的试验研究，研发了一种简易高效的紫花含笑大苗快速培育技术。该技术既可以加大紫花含笑大苗的市场供应，又可以解决乐昌含笑、深山含笑等大苗的市场滞销问题，大大缓解育苗户的燃眉之急，减少经济损失，增加经济收入，凸显本项目的研究价值。该项目开展了将紫花含笑嫁接在米径3～15cm的深山含笑、乐昌含笑等大苗上的试验，研究紫花含笑异砧大砧嫁接的最佳砧木选择及最佳嫁接方法，攻克了快速繁育珍稀观赏树种紫花含笑大苗的关键技术难关。

10.2 技术创新

（1）选取乐昌含笑、深山含笑等大砧的180～200cm处进行高位嫁接，快速繁育经济价值高的紫花含笑大苗。

（2）根据成活率、砧穗愈合率、接穗生长好坏等指标，成功筛选出紫花含笑异砧大砧嫁接最佳效果的复合型嫁接方法，即砧木主干切杆切接、侧枝留杆腹接成活后切杆的方法。

（3）创造性地应用接穗上端蘸白蜡的大砧木切接方法，既降低高位嫁接时的劳动强度，又保证嫁接成活率。

（4）筛选出了紫花含笑异砧大砧嫁接的最佳砧木——乐昌含笑（砧木嫁接成活率达80%，接穗成活率达65%）；最佳砧木径级及接穗数——4～7cm米径嫁接3～5根穗条。在嫁接10个月后接穗基径达到3.52cm，平均分枝达到15.5条，嫁接2年后平均冠径115.5cm，平均冠高164.13cm。

腹接法嫁接

主干切接法、侧枝腹接法嫁接

（5）该项目成果通过对紫花含笑异砧大砧嫁接技术的试验研究，开发了异砧大苗嫁接方法、砧木树种及规格选择、接穗蘸蜡处理方法等关键技术，创新了紫花含笑异砧大苗快速培育的技术和方法，实现了紫花含笑在园林中的"移花接木"。

10.3 行业与市场分析

从现有市场看，不同方法培育的紫花含笑苗木其经济效益大不相同。一年生紫花含笑嫁接苗的市场价格每株4～12元；一年后，苗高150cm的嫁接苗每株20～45元，而米径6～10cm的高杆大苗，每株800～1 500元，市场前景非常可观。

该技术成果的推广应用，可增加市场急需的珍稀观赏树种紫花含笑的大苗供应，挖掘乐昌含笑、深山含笑大苗的应用潜力，使紫花含笑这一珍贵树种突破了在园林工程树种配置上的局限，增加了紫花含笑苗木的园林用途，既可孤植、配景，也可做行道树，使人们既闻花香，又赏美景，具有显著的经济、社会和生态效益，推广前景良好，对于加快珍稀木本花卉的开发利用也具有重要的指导意义。

11. 胶园地力提升成套技术模式

11.1 技术简介

广东橡胶种植区域主要以粤西地区为主，由于热带雨林气候等原因，其土壤类型大多数为砖红壤和赤红壤。依据垦区"十一五"期间耕地地力评价报告，橡胶园土壤地力处于5、6、7、8四个等级水平，其中7、8两个等级土壤的橡胶园数量合计占垦区橡胶园总量的近90%，土壤地力处于较差等级，"酸、黏、板、瘦"（酸，土壤pH下降，呈酸性；黏，土壤耕作层浅，黏粒含量多；板，土壤耕作层变硬，透气透水不良；瘦，土壤有机质损失严重），土壤也受到了较强的风化、淋溶作用。长期以来，橡胶种植户主要采用粗放的经验施肥方式，对测土施肥的重要性认识不足，作物种植区肥料施用量过大，而且施化肥过多，造成土壤板结和土壤地力持续衰退，同时由于不良的施肥习惯导致肥效利用率低，常常处于歉收的尴尬境地。而且由于广东橡胶种植区暴雨频发，一些中小苗橡胶园因开荒裸露的土壤极易被雨水冲刷，土壤养分随雨水不断流失，导致地力减退现象严重。

广东农垦热带作物科学研究院橡胶科研团队经过细致的调查分析后，持续开展了胶园地力提升的试验研究，包括葛藤种苗培育研究、胶园葛藤覆盖区水土保持研究和土壤改良效果研究，同时根据土壤特征和作物营养需要研制出了橡胶树专用生物有机肥，并开展了专用肥的应用效果试验。结果表明，橡胶中小苗胶园葛藤覆盖结合生物有机肥的应用以及橡胶开割树胶园生物有机肥的施用对提升胶园土壤肥力，改善土壤理化性状以及胶苗增粗、胶树增产都具显著效果。

生物有机肥

该技术原理是以测土配方施肥技术为指导，开展葛藤种苗繁育技术、橡胶树专用有机配方肥研制等技术研究，通过在橡胶树非生产期施用生物有机肥结合葛藤覆盖，生产期施用生物有机肥，并观测其土壤肥力提升、土壤理化性状的改善，探索出一整套成熟的胶园地力提升技术。

11.2 技术创新

（1）有效提升了橡胶园地力。经过三年的橡胶园地力成套技术的实施，橡胶园土壤全氮、土壤有效磷、土壤有机质、速效钾和pH等指标值逐步从中下等水平提高到中等水平。胶园土壤含水量有所提高，土壤日均温度、昼夜温差和土壤容重都有所降低。

葛藤种苗培育　　　　　　　　　　施用生物有机肥和葛藤覆盖种植效果

（2）成功筛选出胶园葛藤覆盖优良品种，研究了覆盖作物对土壤理化性状的影响，且在橡胶的小苗胶园实现大规模的推广应用，有效提升了橡胶园土壤地力。

（3）成功将测土配方施肥技术成果转化为配方肥的研制生产，做到施肥精准化，减少了化肥的施用并增加了肥效，提高了劳动生产率，在橡胶园得到了大规模的推广应用。

（4）首次研发胶园地力提升成套技术，即"非投产期种植葛藤配套施用生物有机肥、投产期施用生物有机肥技术应用于橡胶园生产"，成功探索了葛藤覆盖种植和施用生物有机肥对土壤地力的提升效果，探明了具体的提升指标，采用该技术后大部分下等地力水平的土壤在3年内可提高到中等地力水平。

11.3 行业与市场分析

橡胶树专用生物有机肥是以测土配方施肥为基础研发的专用肥，这意味着以前的经验施肥和偏施化肥的施肥模式得到了改变，施肥更精准化、生态化。橡胶树专用肥营养元素齐全、肥效持久，施肥由以前的4次减少为2次，劳动生产率提高了1倍。通过使用橡胶专用生物有机肥结合葛藤覆盖，新一代胶园的中小苗年平均增粗约8cm，非生产期由原有的7～8年缩短为6～7年，节约了约一年的非生产期投入。该地力提升技术自推广以来，推广面积逐年增加。2009—2014年，葛藤覆盖栽培模式在茂名、阳江、揭阳、汕尾中小苗胶园种植面积累计为80.54万亩。在马来西亚、柬埔寨等国外中小苗胶园推广葛藤种植7.73万亩，橡胶专用有机肥推广率达100%，累计推广面积300多万亩，受到垦区广大植胶农场和胶农的喜爱。

胶园地力提升成套技术能有效地改良土壤，促进土壤地力提升，为作物生长提供更肥沃、更生态的适宜生长环境，也能提升农户的科学施肥水平并增产增收，符合现代农业发展要求，具有良好的发展趋势。广东农垦目前大力发展油茶产业，橡胶树配方肥为油茶配方肥的研制起到了很好的借鉴作用。传统有机肥曾经被一些农户用于种植蔬菜、水果等，因未能应用科学施肥技术导致没有大规模推广，通过该项目先进的技术引领示范，有望使该技术在其他作物中进行大规模推广应用，从而促进现代生态农业的发展。胶园地力提升技术不仅能为其他种植区提供借鉴，还可以较好地取代传统的施肥和土壤管理模式，是现代农业发展的必然趋势，推广应用前景良好。

12. 油茶嫁接苗快速繁育技术

12.1 技术简介

广东农垦热带作物科学研究所油茶研究室团队自2010年起开展油茶品种引进选育工作，通过不断地研究试验，建立了一套新型的较为完善的油茶育苗技术标准，其中一种促进油茶嫁接苗抽芽的方法获得发明专利授权。该技术团队至今累计繁育优质油茶种苗

500多万株，推广种植面积达10余万亩。其建立的技术标准规定了油茶种苗培育过程中育苗基质、育苗容器、芽接苗等技术要求，内容主要包括育苗基质、育苗容器、种子来源、种子处理、育苗地条件、沙床准备、芽苗及小苗嫁接技术、激素促抽芽技术、施肥、病虫害防治、水分管理、炼苗等一系列育苗技术标准规程。通过采用油茶芽苗砧木嫁接及小苗培育嫁接综合管理技术，确定了油茶种苗繁育生产的最优嫁接时间和嫁接技术，提升了育苗数量，降低生产成本，使嫁接成活率提高到95%，幼态苗生长快速，一年内即可达到50cm出圃标准，实现快速出圃。

油茶砧木

油茶籽苗嫁接

绑　扎

温室立体育苗

13.2 技术创新

（1）缩短了油茶嫁接苗木培育时间。芽苗砧木嫁接后直接在容器中培育，不用等到成活后再移栽，可减少3个月培育时间；实生苗利用芽苗直接移栽到容器中培育嫁接，因其根系完整，进行小苗嫁接后生长迅速，缩短了苗木出圃培育时间。

（2）提高了油茶育苗种子利用率。芽苗砧木嫁接仅需利用50%的种子，剩下的没有达到芽苗嫁接标准的芽苗砧木可以用来培育小苗，种子利用率整体上提高30%以上。

（3）提高了油茶苗芽接成活率。采用复硝酚钠及吲哚诱抗素促进抽芽技术，使芽接成活率提高到95%以上；嫁接时间越早，嫁接时气温越低，成活率越高。

（4）缩减了劳务成本支出。传统油茶嫁接工序繁杂，通过简化操作，将芽苗嫁接栽植在育苗杯后，直接喷淋甲基托布津、生根复活液促进生根成活，提高工作效率，通过综合运用该套油茶高效育苗技术体系，可减少劳务支出约0.22元/株。

技术所获证书

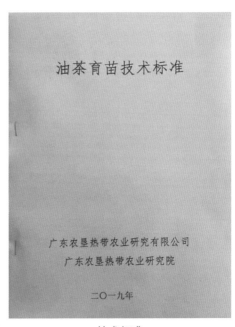
技术标准

12.3 行业与市场分析

传统的油茶育苗形式单一，时间长、成本高，通过综合运用油茶芽苗砧木嫁接和小苗培育嫁接技术，芽苗嫁接的同时开展小苗容器培育，能在成本不变的情况下提高种子育苗数量，缩短可嫁接时间、提高成活率，实现了当年繁育即可达到50cm的高标准出圃要求，促进了油茶产业持续健康发展，提高经济效益。采用该油茶育苗技术体系还能够提高育苗数量，筛选出适合当地气候和生态环境的油茶苗木，减少病虫害的发生，提高产量。因此该套技术体系具有较高的经济效益及推广价值。

13. 氢肥的开发及应用技术

13.1 技术简介

随着我国经济的快速发展，环境污染问题日益严重，一方面工业生产造成了空气、水和土壤污染，对生态环境和农业生产造成破坏和危害。另一方面由于农业生产过程中化肥和农药的过量使用与滥用，造成了农业面源污染，不但对生态环境和食品安全造成潜在的威胁，也严重影响了国民的身体健康。发展绿色农业，既是破解中国农业发展资源约束瓶颈和缓解生态环境压力的必然选择，也是满足人民日益增长的优质安全农产品和良好生态环境需求的客观要求。近年来因为氢气本身独特的生物学和动力学特性，氢医学、氢能源方面的相关研究越来越受到重视。

中国科学院华南植物园作为最早开展氢气植物学效应和机制研究的单位之一，发现了氢气不仅可以提高植物的抗旱、耐盐、抗病能力，调控植物激素信号传导，促进植物生长发育，提高作物产量与品质，同时还能提高植物的抗逆能力，改良土壤并减少重金属的含量与危害。基于此，华南植物园曾纪晴博士团队率先提出了"氢农业"的概念，倡导和推广氢气在农业上的应用。由于氢气具有安全、无毒、无残留等天然绿色特点，发展氢农业符合国家生态文明建设、发展绿色农业的总体战略以及可持续发展的要求，对环境保护和食品安全均具有十分重大的意义。

氢气虽然无色无味、安全无毒，但易燃易爆，因此氢气几乎无法直接在田间使用，一般需将氢气溶于水中制成饱和富氢水来使用。然而，目前饱和富氢水价格昂贵，仅限于保健饮用，不适合农业应用，而农业用氢水制造机每台售价几十万元，也不适合大田农业。为了解决这些问题，曾纪晴博士团队研发了高浓度长效液态氢肥和缓控释固态氢肥，为氢农业的推广应用奠定了技术和物质基础。

本项目长效液态氢肥可在稀释200倍后作为饱和富氢水，不仅可以应用于农作物的种植，还能应用于果蔬保鲜以及畜牧业、水产业，其果蔬保鲜时间在常温条件下可超过1年。固态缓控释氢肥可以在土壤中缓慢释放出氢气，持续为植物提供氢气，这可减少施肥次数，降低成本。这两种形态的氢肥，其作用原理都是为植物提供氢气，在提高植物抗逆性的同时促进植物生长，富集次生代谢产物，改良土壤，降低重金属含量。

13.2 技术创新

液态或固态氢肥与传统化学肥料相比，具有"一肥多效"或"双重增效"的特点。氢气本身对植物具有促进生长、提高抗逆性等作用，同时也能促进土壤根系微生物有益菌的生长，改善土壤根系微生物群落结构、土壤肥力和土壤结构，从而促进植物对土壤

对　照　　　　　　　　　　　　　　氢水育苗

氢水对菜心育苗的作用（7d）

氢水浇灌果子蔓三天后的变化

9月13日　　　　　　9月17日

9月29日　　　　　10月13日

氢水浇灌鲜花一个月还挂在枝头

兰花从枯萎到重新挺拔长新叶

新长的红掌花朵从原来粉色变红艳

对　照　　　　　　　　　　　　氢水浇灌脐橙

氢水浇灌脐橙对赣南脐橙的作用

营养元素的吸收，这种"一肥多效"的特点拓展了缓控释氢肥的使用范围。同时，氢肥添加到其他化肥、生物有机肥料、农药或植物生长调节剂中，可以起到促进肥料吸收，增强肥料、农药使用效果等功效，可以使化肥和农药的使用量大大减少。

(13.3) 行业与市场分析

截至2020年，项目团队研发的氢肥已经在广东、江西、辽宁等省份进行推广试验，在蔬菜、花生、水果、花卉、药材等的种植与保鲜方面均取得了较好的应用效果。在江西赣南种植脐橙的3年试验中，发现利用氢肥种植的脐橙生长快、叶片绿、蜡质多、产量高，而且化肥、农药使用量减少，脐橙口感也更好。因此，氢肥具有广阔的应用前景，将催生一个崭新的农业形态——"氢农业"，对于我国绿色农业转型升级，保护生态环境和保障食品安全具有重大的意义。

14.珍珠番石榴嫩枝扦插育苗技术

(14.1) 技术简介

广东农垦热带作物科学研究所自2002年起从我国台湾引进珍珠番石榴品种，经过多年育苗及栽培试验，集成了一套扦插育苗技术，制定了全套的珍珠番石榴种植栽培技术规程，在种苗繁育、生产栽培、病虫害防治等环节层层把关，应用节水滴灌、测土配方精准施肥、病虫害物理与生物防治、果实套袋、定期修枝整形等绿色有机标准化生产技术方法，生产出的珍珠番石榴水果品质大幅提升，并成为当地区域优势农产品之一。该研究所的珍珠番石榴标准化生产基地也被农业部授予全国"无公害农产品示范基地""南亚热带作物名优水果基地"等。该项技术成果获得了国家发明专利。

育苗规程与技术要点：

（1）剪枝：选择生长旺盛、品种纯正、树龄2～5年的珍珠番石榴果树，剪取无花芽、无果、有叶芽萌点的嫩枝条备用。

（2）修剪：当天剪枝后选取2～3节绿色枝条进行修剪，底部节位下端留1～2cm，上节位上端留1cm左右。剪掉底部节位的叶片，保留顶部节位叶片，且两叶片只保留一半。

（3）扦插：将修整过的番石榴插条下剪口插入自制生根剂中，接着将其直接插入苗床或杯床，之后再用配制好的杀菌剂浇淋一遍整个苗床或杯床，最后盖膜。

（4）管理：根据实际情况，定期补充水分，喷洒杀菌剂。

（5）移杯：待第一蓬叶成熟且植株根量达3～5cm时，可将其移入育苗杯中。并根据实际情况，补充水肥（以基肥为主，叶面肥适量施用）。

（6）炼苗：在出圃前2～3d进行控水炼苗，确保杯泥结实。

扦插育苗试验

14.2 技术创新

技术所获证书

（1）设施简易、成本低廉、工艺简单、易操作。

（2）插穗为嫩枝，全年均可采集枝条育苗，且采集后不影响母树结果。

（3）扦插成活率高，插穗生根率达80%以上。

（4）扦插苗生长整齐、根系完整，利于运输和定植。

（5）嫩枝扦插苗主根明显、树冠可塑性强、寿命长，果实品质和母树一致，适合标准化栽培推广。

14.3 行业与市场分析

在我国南方地区，大多数地方特色果树都是一年一造果，如荔枝、龙眼、柑橘、菠萝、香蕉等，而珍珠番石榴的栽培技术能做到当年种植当年结果，并且控花保果和成熟期均较易调节，一年四季均可挂果，是广东省"一村一品""一镇一业"特色水果产业发展的较好项目。该项目团队通过珍珠番石榴的先进实用技术及优良品种示范推广，辐射带动茂名垦区、湛江垦区等区域种植珍珠番石榴100多万株，其中化州市新安镇已成为以珍珠番石榴为主的特色水果产业镇，有效带动了农业增效、农民增收，具有良好的市场发展潜力。

15. 南方牧草优质高产新品种培育技术

15.1 技术简介

说到牧草，人们首先想到的可能是我国北方辽阔的大草原，"天苍苍、野茫茫，风吹草低见牛羊"，展现出了一派壮丽的景象。其实我国南方地区的科学家经过多年努力，充分利用南方热带地区高温多雨的气候特点，也培育了大量的牧草新品种，解决了南方牧草资源匮乏的问题。

中国热带农业科学院热带牧草研究中心以收集国内野生资源和引进优质热带牧草资源为基础，通过引种驯化、太空辐射诱变、物理辐射诱变、杂交育种等先进技术，20多年来共培育国审牧草（绿肥）品种20余个、获批植物新品种保护权2个，是我国南方培育牧草品种最多的科研单位。

针对热带地区养殖业缺乏高产饲草料的问题，热带牧草研究中心精心培育的热研4号王草，年亩产鲜草1.5万～2.5万kg，为我国南方重要的刈割型禾本科牧草，已成为南方热带地区舍饲养殖的必备草种。该草种不仅在我国南方，而且新疆、东北三省、山东等地区也在大面积推广，并被列为《农业部"十五"重点推广50项技术》。除了禾本科牧草外，针对热带地区果园缺乏间作型牧草（绿肥）的问题，热带牧草研究中心先后培育出了适宜果园林下间作的热研2号等10个柱花草品种。由于柱花草具有高蛋白、适应酸性土壤以及热带地区气候的优良性状，使得柱花草已经成为南方地区的优质豆科牧草品种，也成为南方果园经济间作的首选多年生豆科绿肥作物，形成了"北有苜蓿、南有柱花草"的产业发展新格局。

金江蝴蝶豆

热研2号柱花草

热研4号王草

热研6号珊状臂形草

热研10号柱花草

热研11号黑籽雀稗

热研12号平托花生

热研18号柱花草

糖蜜草

15.2 技术创新

（1）通过新品种的不断筛选培育，培育出产量高，营养价值丰富的牧草品种，同时通过高产栽培技术和种子清选技术研究，使热带牧草种子产量提高20%～30%，柱花草种子产量由10kg/亩提高到20kg/亩以上，黑籽雀稗、臂形草、糖蜜草提高到30kg/亩。

（2）年均可生产原种或提纯复壮热带牧草种子3t，可繁育热带牧草种子5～8t，禾本科牧草种子2t，王草种茎300t。

新品种登记证

15.3 行业与市场分析

据统计，截至2020年，我国南方热带亚热带地区草地面积约0.67亿hm²，随着水土保持的不断推进以及退耕还草促进畜牧业发展等产业结构调整的需求，即便每年利用其中0.1%进行草地改造，按"柱花草＋臂形草＋蝴蝶豆"等草种组合混播改良草地，播种量按每公顷7.5～15kg计算，则需牧草种子500万～750万kg。如以热带牧草适宜种植的地区如广西、云南、贵州及四川南部退耕种草100万亩计，则至少需牧草种子75万～100万kg。海南现有耕地43万hm²，其中旱粮坡地18.2万hm²，有天然草地95万hm²和宜牧地32万hm²，同时各市县和农场几乎每年都要造林近万公顷，发展水果约3万hm²。如果按天然草地改良、旱粮地和宜牧地草田轮作各1%计，果园、胶园、茶园及林下种草10%计，则每年需牧草良种112.5万～168.75万kg。除了种植热带牧草发展养牛业之外，海南每年有大量的反季节瓜菜地和旱粮坡地弃置或冬闲田，由于不能连年耕作，每年造成3万～5万hm²的土地浪费，如将这些土地进行种草养畜则每年还需几百吨优质牧草种子。

据统计，我国南方现有幼林地面积为285万～340万hm²，这些幼林地都经过人工改造，特别是幼龄经济林地（如幼龄胶园、果园等），坡度小，土层深厚，并多已修成梯田，有良好的灌溉条件，还施入了大量的肥料，为种植牧草创造了极为有利的条件。然而，这些幼龄林地，除少部分间作花生、豆类及蔬菜外，大都处于闲置状态，如用20%的面积来间作柱花草等豆科类牧草，则至少需牧草良种2 000多t。桉树林主要集中在海南和广东的雷州半岛，面积约80万hm²，许多林场和林业工作者都在积极寻找一种可以复合经营的模式，但苦于没有理想的项目。通过本项目示范和辐射，按50%种植人工草地进行林草复合经营估算，每年需热带牧草种子1 000t以上。

16. 菠萝优质高效种植"12（2）3"模式

16.1 技术简介

菠萝是热带水果之一，凤梨科中最重要的经济植物，为世界第三大热带水果。据最新统计数据，我国现有菠萝种植面积约100万亩，年产量达167万t。广东是我国菠萝生产第一大省，种植面积约占全国的一半以上，产量超过100万t，其中仅广东湛江市（主要集中在徐闻、雷州）菠萝种植面积就有近40万亩，产量约90万t，年产值约30亿元。

由此可见，菠萝产业为我国热区经济发展做出了重要贡献。然而，长期以来由于种植管理粗放，果农片面追求产量，滥用膨大剂、催熟剂，偏施化肥，高密度种植、低成熟度采收等原因，导致菠萝果实品质下降，菠萝黑心病、水菠萝等现象时有发生，市场竞争力减弱，果品滞销屡有发生，"丰产不丰收"，这已成为当前我国菠萝产业健康发展的主要瓶颈。

16.2 技术创新

广东省农业科学院果树研究所菠萝研究团队根据多年来的潜心研究与示范推广中的工作经验，提出了一套菠萝优质高效种植新模式，并获得了2项国家发明专利，分别是："菠萝一次性施肥种植方法"（专利号ZL201810261935.3），"一种有效的卡因类菠萝反季节催花方法"（专利号ZL201710588862.4）。

据该团队负责人刘传和博士介绍，他们创立的这套生产模式被简称为菠萝优质高效种植"12（2）3"模式。"1"指一次性施肥种植技术。基于茎叶还田、地膜覆盖的菠萝一次性施肥种植技术，能减少土壤养分流失，提高肥料利用率，较好地满足菠萝植株生长、果实发育所需的养分需求，减少肥料使用量，降低人工成本，以山地条件下菠萝种植的效果尤为明显。"2"指二防，即冬季防寒、夏季防晒。受季风性气候的影响，我国广东、广西、福建等菠萝产区常受到北方低温寒潮的入侵。在寒冬来临之前，采用网纱覆盖对菠萝植株进行冬季防寒具有较好效果。夏季温度高，太阳照射强烈，菠萝果实容易产生灼伤。遮阴降温能明显减少果实灼伤，也是减少夏季"水菠萝"发生的有效措施之一。"（2）"指二步催花。用乙烯利催花是当前菠萝生产中最常见的技术措施,然而乙烯利催花效果因菠萝品种类型不同而有较大差异。对于'无刺卡因'等卡因类品种,乙烯利催花效果难以保证,尤其是反季节催花时成花比例较低,产量得不到保证。采用二步催花技术,即在催花后的第二天再催1次,能明显提高"卡因类"菠萝催花的成功比例。"3"指三减,即减化肥、减植物生长调节剂、减种植密度。减施化肥、增施有机肥有利于提高菠萝果实品质,促进果实正常生长成熟。菠萝生产中减少直至完全杜绝膨大剂、催熟剂的使用,让菠萝种植回归本源,在自然条件下生长、成熟,以恢复菠萝本来的品质与风味。降低菠萝种植密度,将巴厘品种的种植密度降低到每亩3 000 ~ 3 500棵,可有效提高菠萝园的通风、透光条件,有利于田间生产操作。

菠萝优质高效种植田间展示

菠萝优质高效种植成品展示

16.3 行业与市场分析

我国农产品已经告别了短缺时代，从数量增长型向质量效益型转变。大力推广实施以减施化肥、增施有机肥，减少直至完全杜绝膨大剂、催熟剂的使用以及降低种植密度为主要内容的菠萝优质高效种植"12（2）3"模式，能够提高菠萝果实品质，降低菠萝生产成本尤其是人工成本，提高菠萝种植效益，是我国菠萝产业健康可持续发展的出路所在。

17. 高岗益肾子育繁推及加工集成技术

17.1 技术简介

厚鳞柯俗名益肾子，又名补肾果、壮阳果，属于野生型果树品种。20世纪70年代开始，广东佛冈观音山一带人们开始采挖收集野生树种，后进行人工栽培选育。

佛冈县高岗镇师家家庭农场经过25年种植培育研究，选育出优良益肾子株系，命名为高岗益肾子。该品种果实大，单果重高达38g，比传统益肾子品种增大近3倍；果壳薄、果肉厚，食用率至少达到50%，比传统品种提高2倍多；具有肉鲜甜、产更丰、质更优、味更好等特点，是完全可以媲美北方核桃的南方特色坚果，是打造"绿水青山就是金山银山"的重要种植品种。

17.2 技术创新

（1）育种方面（含种苗）：培育出全省最薄壳的益肾子品种，壳的厚度只有1.6mm左右，能和澳洲坚果媲美。现已创建组培苗研发和规模化生产技术，保障果苗稳定供应。

高岗益肾子山地种植展示

薄壳的高岗益肾子

（2）种植方面：益肾子可在广东省山地种植，对土地要求不高，也可用于桉树林的替换种植、残次林及炭汇林改造。

（3）生产管理方面：新品种的管理成本较低，种植过程不需要修枝。一年的管理只需施一次肥、喷一次药、除两次草。

（4）加工方面：益肾子可直接用来泡酒，加工成茶、汤料、保健品以及药品等。

17.3 行业与市场分析

近年来，我国居民收入水平不断提高，休闲娱乐支出占比逐步提升。据统计，我国休闲食品行业发展快速，年复合增长率达到12.3%。其中坚果炒货在休闲食品中比重约为10%，已经成为休闲食品行业中重要的组成部分。但我国人均坚果摄入量低于全球平均水平。益肾子被誉为"肾之果"，含有丰富的膳食纤维，果实可存储1年以上，实现周年鲜果供应。同时益肾子是一种长绿乔木可作为"停核电改"替代的林产经济作物，在广东省推广种植益肾子，不仅是一条致富之路，还可以形成"北有核桃果，南有益肾子"的品牌效应，助力南方坚果做大做强。

以师家家庭农场为例进行市场分析，其2015年投资32万元，在高岗镇连片种植益肾子300亩，2019年开始挂果，2020年收果9 000kg，销售价56元/kg，总收入达50多万元。2021年总产果量达到2.5万kg以上，因此，发展"高岗益肾子"市场前景较为广阔。

18. 铁皮石斛育繁推及"简易大棚"栽培技术

18.1 技术简介

铁皮石斛，又名黑节草，是兰科草本植物，主要分布于我国安徽、浙江、福建等地。铁皮石斛含有丰富的多糖和生物碱，具有滋阴清热、养胃生津、润肺止咳、提高人体免疫力等功效，是我国名贵稀有中药材。

广东省生物工程研究所湛江甘蔗研究中心联合中国科学院华南植物园研发的铁皮石斛育繁推及"简易大棚"栽培技术，涵盖种苗繁育、驯化苗培育、成苗高效栽培、成品加工等生产关键环节，重点展示了多种栽培模式及相应管理技术，已在当地形成示范作用，带动产业规模化发展。

铁皮石斛简易大棚栽培

18.2 技术创新

目前铁皮石斛产业除个别龙头企业外，还存在产量较低、病害严重、农药施用量过大及优良品种少等问题。本技术针对以上问题，在收集各地铁皮石斛资源，掌握栽培技术要点的基础上，选育出品质好、抗性强的品种，通过优化组培快繁体系，克服瓶苗移栽成活率低、病虫害多发等难题，扩大其种群数量，并研究与良种配套的简易大棚栽培技术，降低生产成本及投入风险。项目的实施取得以下成果：

（1）种质：筛选出适宜广东地区生长种植的铁皮石斛优良抗性种质6～10个，通过杂交技术选育出耐热性强、品质佳的品种1～2个。

（2）繁育技术：研发了一套从播种、增殖、壮苗直至出根均能采用，且适用于大多数品种的铁皮石斛育种技术，简化了种苗繁育流程，并建立了铁皮石斛良种繁育技术操作规程。

（3）简易大棚栽培技术：采用该项技术，可使栽培铁皮石斛的造价每亩降低3万～5万元，减少了生产投入的成本，降低了投资风险，并有利于大面积推广。

（4）展示示范：本项目实现了铁皮石斛健康种苗繁育、驯化苗培育、成苗高效栽培、成品加工等生产关键环节的一体化展示，在当地形成示范作用。

铁皮石斛组培瓶苗　　　　　　　　　　铁皮石斛组培苗移栽

铁皮石斛温室栽培

2020年，利用该种植技术已在湛江遂溪港门、北坡等地推广铁皮石斛种植50亩，近五年实现直接经济效益815万元，节本增收150万元。

18.3 行业与市场分析

本成果筛选及培育出的优良铁皮石斛种源，已进行大量的种苗生产并提供给当地有需求的单位和种植户。该简易大棚栽培技术减少了铁皮石斛种植投入，降低了投资风险，有利于大面积推广，符合振兴现代中药产业和大力发展高新技术产业的要求，有助于推进"两型社会"（资源节约型社会与环境友好型社会）和中药产业发展，具有广阔的市场前景。

19.鲍姑红艾种植技术

19.1 技术简介

艾，是菊科蒿属植物，多年生草本或略成半灌木状，植株有浓烈香气。鲍姑红艾是罗浮山红脚艾的别称。有史料记载，艾草3 000年前已融入我们先人的日常生活，是重要的日常保健和治疗的中药。我国四大女名医之一鲍姑就擅长用灸给人治病。广州越秀鲍姑殿内至今留有对联"妙手回春虬隐山房传医术，就地取材红艾古井出奇方"。

暨南生物医药基地国家艾草研究分中心通过对鲍姑红艾的种植研究发现，它是我国年生产干物质量最大的艾草品种，同时其全草可食可药，是一种极具市场价值的中药作物。当前广东省内艾草种植面积有限，种植品种也多是河南、湖北、湖南等地的外来品种，为实现广东艾草本地产业化种植，本项目在选育和对比全省艾草品种和优良北艾品种基础上，开发了广东省本土鲍姑红艾产业化种植技术。

鲍姑红艾田间种植示范

19.2 技术创新

该技术取得以下成果：

（1）种苗：采用籽苗育苗法，出苗率高。在移苗时，可保护根系少受损，提高艾苗成活率，保护了艾草的生物品种活性。

（2）种植：经过相关研究，发现鲍姑红艾在特定条件下栽培是全国干物质产出量最多的艾草，其适应性强，可栽种在荒坡地上，一次栽培可采收4～7年。

（3）生产管理：按照该技术的生产栽培模式，管理成本较低。栽培时只需除草1～2次，采收后除草1次并补充有机肥200kg/亩。

（4）加工：对鲍姑红艾每45d检测一次它的根茎叶化学成分，证实其无有毒成分，可进一步加工成艾灸、艾药、艾食、艾茶等。

技术研究中心艾草分中心

19.3 行业与市场分析

目前，河南、湖北两省是艾草传统种植区，是全国两大的艾草种植基地、原材料及产品产地，两地的生产加工量占全球85%以上的份额，产品已远销日本、韩国、美国、东南亚、欧洲、非洲等国家和地区。

近年来，随着"一带一路"倡议、"粤港澳大湾区"区域发展国家战略的实施，为中医药传统文化发展提供了契机，艾草产业呈爆发式增长，新艾草制品层出不穷，中国艾草品牌也呈现出激烈的竞争格局，如山东的尼山艾、艾山艾、灵艾，岭南地区的红艾、五叶艾，河南的宛艾，河北的彭艾，安徽的华佗艾、楚艾，四川的川艾，宁夏的皇甫艾，陕西的吴堡北艾，湖南的湘艾，贵州的黔艾等。广东省艾草产品消费量大，交易量占全国近50%，而广东省种植面积却很小，因此本土产业化种植空间较大，具有较高的推广价值。

20. 耐盐碱水稻种质创新与产业化技术

20.1 技术简介

广东沿海地区属于亚热带季风气候，降水变率大，旱季河流水量小，海水倒灌，土壤水分中盐分升高，加之气温高，水分蒸发强，容易造成土壤的次生盐渍化。自20世纪80年代以来，我国大力发展海水养殖产业，由于存在不合理的过度开发而造成大量近海农田盐渍化。广东省沿海农田约有500万亩，由于盐渍农田耕种难度大、经济效益低，致使大多盐渍农田摞荒，有的农田甚至已摞荒20多年。有500万亩近海盐渍田处于摞荒和半摞荒状态。土壤盐渍化不仅破坏了土地资源，还严重影响广东省的耕地与粮食安全。如何高效利用这些近海盐渍农田，成为急需破解的难题。

广东海洋大学国家耐盐碱水稻技术创新中心华南中心袁隆平院士海水稻创新团队学科带头人周鸿凯研究员提供了解决方案——耐盐碱水稻种质创制及产业化技术。针对耐盐碱水稻种质这一"卡脖子"难题，创制了具有自主知识产权和核心竞争力的耐盐碱水稻种质资源材料，完全具备实现耐盐碱水稻产业化的潜力，这对于落实我国"藏粮于地，藏粮于技"国家战略、实现盐碱地变良田具有重要意义。

耐盐碱水稻田间展示

耐盐碱水稻——海红香米

20.2 技术创新

拥有自主知识产权的耐盐碱水稻品种海红香稻系列品种海红11等由粤桂沿海的海水稻R6与矮秆R41杂交，其F6与阳山香稻杂交，并经过三代回交选育而得。该技术拥有海水稻种质基因，并已建设"海水稻种质资源原生境保护圃"，为实现中国耐盐碱水稻研究与应用引领世界的目标提供了重要支撑。

该技术获得的新品种在稻米功能和香味等方面取得突破，经杂交改良的具有"药米"之称的海水稻种质、利用第三代水稻杂交技术培育的功能型特色稻米，具有药食两用的功效，同时具有独特天然芋香。该香型在现有稻米香型分类之外。该项目创新了科技成果转化的产业模式，构建了"高校＋公司＋农户＋特色＋订单农业＋大学生'双创'（创新创业）＋互联网"的生态高值产业模式与平台，创建了农业科技成果转化新模式。

生产技术规程

20.3 行业与市场分析

数据显示，截至2019年底我国现有盐碱地0.98亿hm²，其中可开发利用的盐碱地为0.13亿hm²，耐盐碱水稻作为盐碱地的先锋作物，其产量超过6t/hm²，可实现增收稻谷0.78亿t。结合第三代杂交水稻技术、土壤改良技术等措施，可以进一步提高耐盐碱水稻适应范围和产量，其应用前景广阔。

21. 丝苗香米19香培育和应用技术

21.1 技术简介

丝苗米是广东传统特色优质稻米，外观以小粒细长为特点，素有"米中之碧玉""饭中之佳品"等美誉，在清朝末年已驰名海内外。曾是20世纪出口我国香港、澳门地区以及新加坡、马来西亚等多个国家、赚取外汇的主要产品之一。但一直以来，丝苗米高端品种生产始终存在优质不高产，抗倒性差的问题，严重阻碍其生产规模的扩大，我国每年需花费大量外汇进口的泰国香米，以满足人民对高端稻米的需求。随着我国经济社会快速发展，特别是"粤港澳大湾区"经济高速增长，人们对高端稻米的需求将与日俱增，这将意味着在确保口粮绝对安全前提下，需大力发展高端优质稻米产业，才能满足人们对美好生活的需要。

广东省农业科学院水稻研究所超级稻育种研究团队开发并授权广东鲜美种苗股份有限公司运营的高端丝苗香米19香培育和应用技术，秉承黄耀祥院士创立的生态育种理论，结合华南稻区的高温多湿、昼夜温差小的气候特征，充分利用本单位丰富的超高产种质资源，开展了高端丝苗香米品种的选育研究，育成了抗倒性、丰产性取得突破的新品种19香，其主要米质指标达部颁优质一级标准，而且双季稻每亩产量超过1 300kg，创造了广东省丝苗香米产量最高纪录。

在本品种选育过程中，研发团队在优选株型的基础上，有效优化群体结构，提高光能利用率并且促进光合产物的积累，从而提高产量。同时在保持广东丝苗米细长粒主要特点的基础上，通过增加穗粒数以弥补千粒重小对产量的影响，通过优化个体株叶形态以增加群体穗数，达到丰产稳产的目标。研发团队根据"华南优质常规超级稻新品种培育与应用"取得的成功经验，提出构建"半矮秆、早长根深、叶片厚直长"的株型模式，达到超高产稳产的目的。

19香田间种植示范

21.2 技术创新

（1）发掘利用半矮秆、早长根深、叶片厚直长等基因提高抗倒性。高秆是易倒的一个重要原因，矮秆虽能提高抗倒性，但生物产量不足，难获高产，所以半矮秆、早长性状能提高假茎的粗壮度和叶面积指数，以利于营养物质的合成积累和转运，为孕大穗以及确保源流库的有机协调提供有效保证。叶厚直长能使叶片在强光和弱光条件下均能合成更多的光合产物，保证大穗型高产品种获得足够光合产物，使单穗结实率和穗粒重保

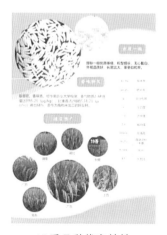

19香品种优良特性　　　　　　　　　19香品种所获证书

持稳定，获得稳定的产量。"根深"指的是根群发达、分布深广、活力强、不早衰，是营养物质吸收合成运转正常、叶色青翠后劲足的可靠保证，并促进和调动有机体功能和优质遗传性得以充分体现，是抗倒伏和提高结实率和谷粒饱满充实度的条件。

（2）通过利用优质源，增加谷粒长宽比、降低垩白等，改良稻米"品质"。本项目通过利用综合性状优良的优质超高产品种固广占为母本，与优质香稻品种象牙香占杂交，经多代定向选育而成抗倒性强、丰产性好的高端丝苗米香稻品种19香，香味浓、粒细长、长宽比达9：2，垩白度0，香气前体物质2-乙酰基-1-吡咯啉（2-Acetyl-l-Pyrroline，简称2-AP）含量达898.26mg/kg，比对照美香占2号的534.26mg/kg高出68%。

21.3 行业与市场分析

我国粮食产量在国家各项安全保障措施的实施推动下，自2004年以来获得了连年增产，至2020年实现了"十七连增"，粮食产量从2015年起连续6年稳定在6.5亿t以上，总量充足，但是粮食数量与质量存在结构性矛盾。

我国高端优质稻米长期依赖向泰国、巴基斯坦进口，随着2020年新冠肺炎疫情的爆发，国际粮食安全危机重重，多个国家限制粮食出口。所以，在提升稻米品质的同时也要兼顾产量，必须实现产量与品质在更高水平的协调统一，这也是打好当前这场种业翻身仗的关键所在。因此，实现了超高产与特优质高水平统一的19香成为了当前优质稻种产业的顶级"芯片"，对广东丝苗米产业乃至我国优质籼稻产业的高质量发展具有强大的推动力和影响力，市场前景广阔。

22. 特异茶树品种大叶黄金茶选育技术

22.1 技术简介

中国是最大的茶叶生产国，产量居世界第一位，2020年达298.6万t（干毛茶），同比增长6.94%。销售数据显示，2020年中国茶叶国内销售总量为220.16万t、出口外销34.88万t，全国茶叶产能过剩达43.56万t。截至2019年，广东省拥有国家审定茶树品种13个，省级审定10个，其中以适制乌龙茶和红茶的品种居多，能够适制绿茶、黄茶的品种较少。而广东省茶叶种植面积达100万余亩，但种植的品种很多还是20世纪60年代存留下来的云南大叶种和水仙种，新品种占比不高。因此，提高广东省茶产业的品质和附加值，加强品种创新迫在眉睫。

新兴县五叶茗农业科技有限公司联合华南农业大学创立的特异茶树品种大叶黄金茶的选育技术，于2014年开始，从种植的2个无性系、1个有性系茶园中，选取自然黄变的植株，剪枝进行短穗扦插，经过7年繁育观察，初步育成了3个黄化品种：禅金1号、禅金2号、禅金3号。经过初步评判，综合其适制性、亩产量和成茶质量等指标，优于浙江等省份的小叶黄金茶，在本省居于前列。

禅金1号　　　　　　　　　　　禅金2号　　　　　　　　　　　禅金3号

大叶黄金茶品种展示

22.2　技术创新

（1）口感进一步提升。与常规大叶品种比较，虽内含物总量不变，但黄金茶呈现出黄化品种的特性：低儿茶素和咖啡碱、高氨基酸（特别是茶氨酸和谷氨酸），制作的茶滋味甜醇，苦涩味比常规品种更低，更加适合年轻一代人品用。

（2）适制性更强。与浙江、安徽、江西等地的中小叶黄金茶比较，中小叶种多用来制作绿茶，滋味鲜爽。而大叶黄金茶内含物更丰富，可制绿茶、红茶、黄茶、白茶、黑茶，适制性更强。

（3）单产高。研发的3个黄化品种，两个来源于国家级品种变异，另一个来源于优良群体种变异。经多年观察对比，其产量与原种相当或略高于原种，亩产量均可达125kg以上，而中小叶黄化种亩产多在50kg左右。

22.3　行业与市场分析

随着我国经济的快速增长，人民生活水平不断提高，人们的健康意识逐步增强，国内茶叶消费市场的潜力巨大，而地方特色茶是非常宝贵的地方茶树资源，在国内主要茶叶产区，特色茶一直受到茶叶研究者、生产者重视，开发出的地方特色茶产品深受消费者欢迎，其经济效益远高于大宗茶。有关数据显示，2020年国内名优、特色茶产品约占全国茶叶总产量的30%，但产值占到全国茶叶总产值的60%以上，并且呈现逐年增长态势。

新兴县五叶茗农业科技有限公司初步培育出来的大叶黄金茶品种，从其综合性状表现来看，完全优于小叶黄金茶，而且产量比小叶黄金茶高得多，亩产可达150kg以上。在市场销售价格方面，小叶黄金茶的产品，2019年市场售价每千克在2 000 ～ 6 000元，如果大叶黄金茶按销售价格1 000元/kg来算，亩产值可达15万元左右，经济效益显著，市场前景广阔。

23.叶菜类蔬菜健康栽技术

23.1 技术简介

在叶菜类蔬菜栽培过程中，由于叶菜病虫害较多，传统生产过程中存在过量和不合理使用农药现象，带来的产品质量安全问题和农业生态环境污染问题不容忽视。并且传统生产过程需要的人工多，生产效率低下，导致生产成本高，生产效益差，严重影响了种植者的生产积极性。蔬菜栽培管理过程中安全和产品品质的问题突出，导致蔬菜产品竞争力显著降低，形成有产量没效益现象。

叶菜类蔬菜健康栽培技术首先从产业链最前端的优质高抗种子选育开始，不仅关注农产品质量安全，也关注农业生态安全。通过土壤管理、抗性品种应用、功能性种子丸粒化包衣、精准带药、物理防护等手段，有效减少农药用量，保护了农业生态环境。通过综合的管理技术，保障了优质蔬菜的可持续生产供应。

23.2 技术创新

（1）种子丸粒化。以丸粒化材料为介质，分层加入杀虫剂、杀菌剂、生长调节剂和肥料等活性物质，增强种子对不良环境的抵抗能力。丸粒化包衣种子播种后，遇水会短时间裂解，形成碗状结构，释放杀菌、杀虫剂，控制病虫害，保护种子的萌发及幼苗的生长。功能性种子丸粒化能够有效防控黄曲条跳甲等害虫，同时搭配科学的生产管理技术，可减少整个生育期80%～90%的农药使用量。

种子丸粒化产品展示

（2）栽培系统化。与传统蔬菜种植方法相比，叶菜类蔬菜健康栽培技术可实现种子播种机械化，种植过程简约化、环保化，产品安全健康化，操作简便，实用性强、效果好，适合在南方各地蔬菜种植区内示范推广。该技术囊括"产前—产中—产后"各个环节，并将关键技术以产品形式（抗病种子，种子丸粒化、物理防护设施等）进行物化，有利于提高推广效率与质量，为解决华南叶菜生产中的质量安全问题和生产效率问题提供了技术支撑。

栽培系统化

23.3 行业与市场分析

近年来蔬菜产品市场总体供过于求，消费者对蔬菜产品的要求已经由量的需求转变为质的需求，安全、美味、优质的蔬菜产品仍较为稀缺。截至2020年，80%～90%的蔬菜种植户仍是以小农户、家庭农场生产为主，规模小，生产经营分散，管理水平较低，特别是叶菜生产，为了控制病虫害而大量施用化学农药，蔬菜产品农残超标事件时有发生，亟须系统、精准、简单易行的优质叶菜栽培技术；同时，叶菜栽培人力成本高是生产效益提升的重要障碍，农机农艺结合是解决降低人力成本、实现农业现代化的必由之路。叶菜类蔬菜健康栽培技术是针对上述产业现状和市场需求提出的农机农艺结合的轻简化、系统化整体解决方案，不仅可以减少施药次数，省工省力，还可以大大降低食品安全风险，使叶菜产品更加健康美味，达到提质增效的目的，完全符合行业和市场未来发展需求，也会对蔬菜种植业的发展产生深远影响。

24. 高档食用菌红松茸品种选育技术

24.1 技术简介

食用菌味道鲜美、营养价值高，且有一定的保健功效。截至2020年，全球能够商业化栽培的食用菌有60余种，人工规模化生产的食用菌主要有香菇、草菇、平菇、金针菇、杏鲍菇、灵芝等，基本上以设施栽培为主。整个生产过程需要在配备有可调节温度、湿度、二氧化碳浓度等的设施设备的专用菇房中进行，同时为了防止污染而对培养室或大棚的洁净度有一定要求，整个生产过程都需要较高的技术要求。因此，如何简化生产方式和条件，实现"平民化"种植，成为行业研究热点。

高档食用菌红松茸品种选育技术是以食用菌大球盖菇为亲本，针对广东省气候生态环境条件，利用系统选育方法培育出的肉质嫩滑、营养丰富、口感绝佳的高档食用菌新品种。因其菇盖呈红色，口感接近野生松茸而得名红松茸。红松茸品种对种植场地要求较低，种植基质来源丰富，并且可以直接在农地（田）、林下和果园露天条件下种植（野外种植）。

24.2 技术创新

（1）种植门槛低。该品种对种植场地要求低，所需种植基质来源丰富。可以直接在农地（田）、林下和果园露天条件下种植，也可以在大棚或室内种植。稻秆、玉米秆、谷壳、花生壳、木屑、林地的枯枝落叶和果园修剪下来的枝条等农林产业废弃物经处理后都可以作为红松茸的种植基质。另外，种植过红松茸后的基质会完全腐烂，可直接还田还地，成为改良土壤的良好有机质（有机肥）。

红松茸营养素检测结果

（2）种植周期短、效益高。广东省内10月中下旬可以开始种植，种植后45 d左右开始出菇，翌年3月底左右结束出菇，亩产量可超过1 500kg。2020年该产品鲜品市场零售价每千克30 ~ 70元，种植一季亩产值可超过4万元，而种植成本一般不超过1.5万元。

（3）营养价值高、富含多种有益物质。经品质检测发现，红松茸干品蛋白含量可超过30%、氨基酸含量可超过16%，另外还富含活性多糖、黄酮、维生素以及膳食纤维等多种对人体健康有益的功能成分，并含有钾、钙、锌、硒、镁等多种矿物质，具有较强的保健功效。

24.3 行业与市场分析

广东省是食用菌消费大省，冬季是食用菌消费旺季。在广东种植红松茸，出菇时间为当年12月到翌年4月，正好切合消费者生活习惯。红松茸种植方式和生长环境接近野生食用菌，品质与口感接近野生松茸，对野生食材爱好者而言，红松茸是不可多得的野生菌替代品。

红松茸不但营养丰富，口感极好，气味清香，而且还具有久煮不烂，食而无渣之特性，因此适合蒸、煮、煎、炒、爆、烧、烤、炖、拌等多种烹饪方法烹制菜肴，是一种可让厨师充分发挥想象空间的高档食材。红松茸可在广东省冬闲地（田）、林下和果园中种植，可以与"农旅"有机结合（现场采摘）。截至2020年，红松茸种植在广东省还处于推广阶段，年种植面积不足1 000亩，远不能满足市场需求，未来发展空间巨大。

25. 基于大数据模型的龙眼精准化栽培技术

25.1 技术简介

龙眼是食药兼用的岭南特色水果，具有滋阴补肾、补中益气、润肺、开胃益脾等功效，可治疗病后虚弱、贫血萎黄、神经衰弱等。广东龙眼种植面积较大，产期较为集中，果园管理成本高，加上产销脱节、保鲜能力不足、流通贸易市场受阻等多个问题，致使整个龙眼产业的经济效益下降，急需从种植、加工、流通、营销等多个方面对广东省龙眼产业进行布局和规划，促进龙眼产业的科学健康发展。当前，广东省龙眼生产模式正从高投入、高成本、高产量的粗放管理模式向低成本、高质量的集约型管理模式转变。要确保龙眼产业的健康发展，迫切需要一套符合生产实际，可操作性强的低成本、省力化、精准化的栽培技术标准，用于指导龙眼生产种植，提高龙眼产业的经济效益和社会效益。

广东省农业科学院果树研究所李建光团队研发的基于大数据模型的龙眼精准化栽培技术，在对龙眼主产区气候、土壤等环境因子及龙眼树体生长、枝梢生长、果实生长发育等数据的收集、筛选、分析的基础上，构建了一套龙眼果树生长发育模型，并结合农户的生产种植情况形成了一套综合性、系统性的龙眼精准化栽培集成技术，包括多样化修剪技术、龙眼疏花疏果技术、简易促花技术、龙眼产期调节技术及龙眼采前采后一体化品质控制技术等。

25.2 技术创新

（1）建立龙眼果实综合品质评价模型和指标库。通过大数据采集，建立了表观性状、经济性状、内在品质和综合品质4种分类品质的评价模型，提炼出综合品质评价指标及其参考值，确定一级果的综合品质评价指标值为葡萄糖≥35mg/g、总可溶性固形物>20%、不流汁、质地爽脆、可食率≥70%、肉厚率≥35%、单果重≥12.5g。

（2）集成多样化、省力化的龙眼精准化栽培技术。利用氯酸钾促花技术全面简化控冬梢促花步骤，节省了人工及用药成本，达到节本增效的栽培目的；利用轮边回缩修剪、压顶回缩法、花果期枝条轮换回缩修剪等多样化修剪技术解决密闭果园存在的问题，可以解决因间伐、回缩等技术带来的成花难、成本高等问题；利用病虫害绿色防控技术，建立了以病害防治为核心的采前采后一体化调控果实品质的关键技术体系，显著改善果实外观和内质，提高果实抗性，果实采后低温贮藏可延长寿命10～15d，常温贮藏可延长寿命1～2d；利用疏花疏果技术，提出了疏花疏果合理负载参考指标，采取大枝疏花疏果技术可提高工效4～5倍。

（3）形成适合不同产区的产期调控技术。针对粤西早熟产区开发石硖龙眼早熟矮化栽培新模式：在10月下旬使用氯酸钾催花，结合叶面喷施2 000倍氯酸钾1～2次，保证了龙眼成花；在5月初结合疏果短截回缩修剪一部分枝条，回缩枝条数量控制在30%～40%，回缩长度为1.0～1.5m，这部分枝条培养成为次年优良的结果母枝，这种修剪方法既能保证连年丰产，又能控制树冠大小；在7月初龙眼采果后再回缩结果枝，控制树冠，加大有机肥的施肥量，保证枝梢生长的养分供给。针对粤东晚熟产区开发储良龙眼晚熟栽培模式：在10月下旬至11月中旬，末次秋梢老熟后修剪并施肥灌水，促进冬梢萌发；在翌年2～3月花穗抽生期，可灌水，施一次氮肥，促进春梢生长，防止来花；第一春梢老熟后，3～4月采用地施氯酸钾结合1 300～2 000倍的氯酸钾水溶液叶面喷施进行催花，共喷2次，中间间隔7～10d；在开花结果期开展疏花疏果，花穗留10～15cm，每穗留果量不超过40个，以提高果实品质；6～7月幼果发育期可喷水防高温，果实可在中秋、国庆期间成熟上市。

（4）制定并推广了龙眼生产技术规程。制定了适合龙眼生产实际的生产技术规程地方标准，该技术规程对龙眼果园建立、幼年树管理、结果树管理、肥料使用、果园更新、病虫害综合防治、果实采收和采后处理等问题进行系统总结，形成标准并推广应用。2017年修订该标准，增加了氯酸钾促花技术，简化了龙眼控冬梢促花措施。

技术所获证书

25.3 行业与市场分析

　　龙眼精准化栽培技术是在龙眼主产区气候、土壤及龙眼树体生长发育等大数据收集、筛选、分析的基础上，结合农户的生产种植情况形成的一套综合性、系统性的集成技术。与当前同类技术相比，该技术更加精准，贴合生产实际，简易便于操作，降低生产成本。到2020年底已在全省各大龙眼产区建立17个示范基地辐射推广，特别针对5个农业农村部南亚热作龙眼标准化示范园，项目团队安置了气象数据、土壤数据收集探头，根据每个果园实际情况，做到"一园一方案""一园一亮点"，制定具体的标准化生产技术规程，实施长期的技术指导和跟踪服务，使标准果园获得明显的增产增收效果，真正达到"创建一园，带动一片"的示范效果。2018—2020年该技术总共推广面积75万亩，累计推广农户10 000户，户均生产规模75亩，年亩均增产100kg，每亩可节约农药、人工成本200元，三年总计增加种植户收入3.75亿元，户均增加收益37 500元，市场前景广阔。

26. 仲和红阳中华猕猴桃新品种及其高效栽培技术

26.1 技术简介

　　猕猴桃原产中国，1920年在新西兰开始商业化栽培，1950年成为世界性新兴水果。我国1978年开始人工栽培猕猴桃，经过40多年发展，现已达到350多万亩的种植规模，种植面积和鲜果产量均居世界第一位。和平县是广东省猕猴桃主产区，种植面积超过5万亩，约占全省的90%。红心猕猴桃是我国特有种质资源，已育成多个品种在全国不同产区大面积种植，由于其鲜果质优价高，种植面积逐年扩大。和平县于1998年引进红心猕猴桃种质材料苍猕-3，经多年适应性栽培和优中选优，育成和平红阳中华猕猴桃新品种（粤审果2006006），由于其果实较小和产量较低等瓶颈，推广面积受到限制。

　　仲恺农业工程学院猕猴桃团队与和平县水果研究所采用高效栽培技术，利用60Co-γ射线对和平红阳中华猕猴桃土果枝芽进行辐射处理，以大龄砧树多果枝芽高位嫁接培育大群体，从中筛选优良株系，经多年优中选优，选育出单果重显著增加且品质指标更高的单株，定名为仲和红阳中华猕猴桃，通过无性系扩繁和多点试验，于2015年通过新品种登记（粤登果2015002）。

仲和红阳中华猕猴桃果实及结果株

26.2 技术创新

（1）新种果园。冬前整地并按每亩60～100株挖大穴（直径50cm、深60cm），每穴填埋腐熟粪肥10～15kg或者肥效相当的其他有机肥，再加盖0.5kg干草或枯叶后覆土。春季种植2年生实生苗，采用宽行（4～5m）窄株（1.5～2.0m）种植，每当新梢长40cm时打顶，年内连续打顶3次。分别于3月、5月、7月、9月追施复合肥，每株0.25kg。冬季（当年12月至次年1月）每株穴施腐熟粪肥15～20kg或者肥效相当的其他有机肥之后，高位嫁接仲和红阳中华猕猴桃果枝芽，翌春嫁接芽生长之后引蔓上棚架（一干两蔓）。第二年以后按冬埋有机肥（15～20kg）和3月、5月、7月、9月追肥（复合肥0.5kg）方式进行施肥。

（2）配置雄株。果园中按1：6或1：8的比例配置两个品种的雄株授粉树，雄树品种花期应与雌株接近或提前，两种雄株花期错开3～5d。推荐使用"红阳"雄株和"和雄一号"雄株。

雄雌比例1：8 　　　　　　　　　　　　雄雌比例1：6

授粉设计

（3）修剪整形。修剪就是通过抹芽、疏枝、摘心、剪枝等合理操作，使猕猴桃果树形成良好的骨架，枝条合理分布，充分利用空间和光能，实现优质、丰产、稳产，延长结果年限。仲和红阳中华猕猴桃的树型要求是培养单主干、双主蔓、结果母枝羽状分布的标准树形。

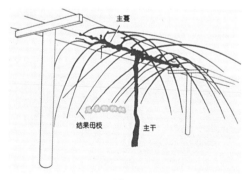

T型架果园

大棚架果园

26.3 行业与市场分析

仲和红阳中华猕猴桃植株生长旺盛，节间较短，叶片较小，叶互生呈近圆形。果实圆柱形兼倒卵形，果顶和果基内凹，果形美观；果皮绿色至暗绿色、皮薄，平均果重82g；果肉黄绿色，果心呈辐射状红色，味香甜，口感好，总可溶性固形物占16%～18%，总糖含量11%～12%，有机酸含量1.1%～1.3%。该品系抗逆性强，发病较少，未见流行性病害发生。根据近几年的留果观察，均未发现过冻害现象，甚至在轻度霜冻和春寒侵袭时仍有一定的开花结果。新品种在推广过程中，由于其果实较大、丰产性较好、质优价高、经济效益明显，鲜果市场售价已达30元/kg以上，深受果农欢迎，接穗一直供不应求，栽培面积逐步扩大。仲和红阳中华猕猴桃在广东产区于每年2月下旬至3月上旬开始萌芽，3月中旬之后陆续开花，至8月上旬果实达到商品成熟，可以采收，树上采收期长达1个月。新采收的鲜果在室温阴凉处可存放6～8d，4～8℃冷藏可保存30d以上，−10～0℃冷库可贮藏3～6个月。只要日温低于6℃的连续天数达到6d以上，每年均能正常开花结果并保持产量相对稳定，常规栽培管理的山坡地果园亩产量可达750～1 000kg。

27. 香稻增香增产栽培技术

27.1 技术简介

香稻为水稻中的珍品，因其清香可口的独特食味广受亚洲消费者的喜爱，赢得稻米市场的青睐，优质香米更有"米中贡品"之盛誉。香米不仅具有食用价值，而且还有很高的经济价值。近年来，泰国作为香稻生产大国，利用以包括高产品种（HYV）综合技术、施肥技术和提高品质技术的研究与推广应用在内的"国王项目"，改变其香稻生产水平低的状况，而印度、巴基斯坦、日本等国也在加快香米品种选育进程，抢占国际香米

香稻种植田间展示

交易市场。华南农业大学唐湘如教授团队研发的香稻增香增产栽培技术，针对我国香稻香气不如泰国香米浓，且在同一地区使用同一香稻品种连续种植时香气明显下降、产量不高，缺少与泰国香米相匹配的香米品牌及市场竞争力差，种稻效益低的"卡脖子"技术难题等，创建了多苗稀植、精准施用香稻专用肥和增香叶面肥、少水灌溉、适时早收等香稻增香增产栽培技术。

27.2 技术创新

（1）优化肥料配方。创制出以"增香增产"为目标的2种物化技术产品香稻专用肥和香稻增香叶面肥，克服了香稻栽培地域性强，同一块田连年栽培香气2-AP含量下降而限制香稻大面积扩大生产的"卡脖子"问题。

（2）研制香稻增香增产关键栽培技术。创建了多苗稀植、精准施肥、少水灌溉、适时早收等香稻增香增产关键栽培技术，可增香15%以上，香气含量高于泰国著名香米水平；亩增产12%以上，双季香稻创造了亩产1 300kg的高产纪录。

专业肥料   技术规程

27.3 行业与市场分析

以增香增产为核心的优质香稻生产对破解我国水稻生产"丰产不丰收"和稻米产业"高库存、高进口"难题，有效促进粮食供给侧结构性改革，在更高质量上保障"谷物基本自给、口粮绝对安全"，起着不可或缺的作用。我国香稻的栽培历史至少有1 800年之久，但传统名贵香稻地方种存在地域性强、产量低等缺点，因而在稻米生产中一直未能起主导作用，栽培面积极小。随着我国商品经济的发展、居民膳食结构的改善和生活品质的提高，尽管香米的价格比普通稻米高2～3倍，但其市场需求量仍持续增长。近年来我国每年从泰国等地区进口的香米需花费 1 000 亿元，主销"粤港澳大湾区"，可见，优质香米在国内市场潜力巨大。本项目研发的香稻增香增产栽培技术，具有良好的推广应用前景。

28. 广藿香连作障碍绿色种植缓解技术

28.1 技术简介

广藿香为唇形科刺蕊草属广藿香植物的地上干燥部分，是我国广泛种植的热带和亚热带芳香化湿类中药，也是著名的十大广药之一，具有芳香化浊、发表解暑、和中止呕、去湿除寒等多种功效。广藿香不仅是藿香正气液、藿香正气滴丸等中成药的主要原材料，也是食品添加剂和香料，在食品和化妆品行业应用广泛，市场需求量较大。由于广藿香栽培生产中存在连作障碍，影响其产量和品质，严重时导致整株死亡，损失惨重，这已经成为广藿香栽培生产中的"卡脖子"问题，因此，如何有效缓解广藿香连作障碍成为广藿香产业可持续发展的关键，也是广藿香栽培生产急需解决的问题。

广东药科大学李明教授团队研发的广藿香连作障碍绿色种植缓解技术，研究了广藿香连作障碍主要成因及作用机制，通过改良土壤、间作、轮作的方法，提出了缓解广藿香连作障碍的田间绿色环保生态栽培技术。

28.2 技术创新

（1）揭示连作障碍因子及作用机制。香草酸、阿魏酸、肉桂酸等酚酸在广藿香连作土壤的富集，对广藿香的生物学性状（株高、叶面积、生物量等）产生不利影响，并降低了广藿香幼苗叶片香叶醇-10羟化酶（PTS）和百秋李醇合成酶（PCG10H1）基因的表达量导致广藿香酮与百秋李醇的含量下降。同时这些酚酸对于广藿香根际土壤的pH、有机质、碱解氮、有效磷的含量有降低的作用，并降低了广藿香根际土壤蔗糖酶、脲酶、过氧化氢酶的活性。

（2）连作土壤绿色改良。通过在种植广藿香的土壤中施加广藿香连作土壤改良剂的方法，提高了根际土壤细菌Alpha多样性指数、Shannon指数、Simpson指数等，降低了真菌Alpha多样性指数；改变了广藿香根际细菌和真菌群落结构，一些有益菌群的丰度增加，有害菌群的丰度下降，提高了广藿香连作土壤的pH，增加了有机质、碱解氮、速效钾和有效磷的含量，广藿香根际蔗糖酶和脲酶活性均有显著的升高；同时广藿香生物量、总叶绿素相对含量、根系活力、抗氧化酶活性升高，硝酸还原酶、谷氨酰胺合成酶、蔗糖合成酶和蔗糖磷酸合成酶活性增强，提高了广藿香有效成分百秋李醇的含量。

（3）改变栽培方式。采用水稻-广藿香轮作、生姜-广藿香间作的方式，有效缓解广藿香连作障碍，提高了广藿香百秋李醇及挥发油的含量，增加了其生物量；提高了连作广藿香土壤的pH、有机质、碱解氮、有效磷的含量；提高了各生长时期连作广藿香土

田间起垄并施加土壤改良剂　　　　连作及施加土壤改良剂处理广藿香的采收状况

壤酶（蔗糖酶、脲酶、过氧化氢酶）活性以及土壤中微生物（包括细菌、真菌、放线菌）数量；轮作、间作均有利于广藿香连作根际土壤中的菌种发生改变，一些有益菌种丰度增加，有害菌种丰度减小。

28.3 行业与市场分析

广藿香具有保护胃肠道、抗菌抗病毒、抗炎镇痛、解热镇吐、止咳平喘、抗过敏、抗氧化、抗肿瘤和调节免疫系统等作用，此外，广藿香精油已经成为世界范围内轻工制造业的重要原材料之一，市场需求量大。因其野生种群自然分布极少，国内主要靠人工种植，主要栽培地为广东和海南两地，广西、福建、云南及台湾等地区也有少量栽培。在广藿香的栽培过程中存在着严重的连作障碍，主要表现为生长缓慢、产量降低、病害率高发，严重影响广藿香的产量及质量，对该产业的可持续发展也造成了威胁。

广东作为广藿香的主产地，如何栽培优质广藿香，保证其药材质量符合国家药典或行业标准，是广藿香产业的一个重要而迫切需要解决的问题。如何实行绿色环保的农艺方法，从广藿香栽培源头控制其产量品质，是广藿香品质可控并达到国家标准的重要举措。本项目结合广藿香自身连作障碍的主要成因，通过土壤改良及生态栽培技术的创新，为培育符合国家药典及行业标准，符合市场需求，具有良好市场竞争力的优质广藿香药材奠定基础。

29.稻渔综合种养技术

29.1 技术简介

稻渔综合种养是根据生态循环农业和生态经济学原理，将水稻种植与水产养殖有机结合，通过对稻田实施工程化改造，构建稻-渔共生互促系统，并通过规模化开发、集约化经营、标准化生产、品牌化运作，在保持水稻稳产的前提下，大幅度提高稻田综合经济效益，提升稻田产品质量安全水平，改善稻田的生态环境，是一种具有稳粮、促渔、增效、提质、生态保护等多方面功能的现代生态循环农业发展新模式。稻渔综合种养不需额外占用耕地就可以生产水产品，一般每亩可增加水稻产量10%～30%，收获水产品30～50kg。

稻渔综合种养是实施乡村振兴战略的有力抓手，但稻渔综合种养中存在的养殖品种单一、养殖模式有待优化等问题制约了广东省稻渔综合种养的发展，无论是产量还是面积均远远落后于全国平均水平。为了促进广东省稻渔综合种养的发展，迫切需要从养殖品种和养殖模式入手，丰富养殖品种、调整养殖结构、助力养殖模式升级。

中国水产科学研究院珠江水产研究所王广军研究员团队研发的稻渔综合种养技术，围绕生产中存在的实际问题，通过对稻田实施工程化改造，构建稻渔共生系统，丰富养殖品种结构，优化生产模式，制定稻渔综合种养技术规范，提升了稻田综合经济效益。

29.2 技术创新

（1）构建了稻田综合混养系统能量流动模型，优化了养殖模式，采用稻渔综合种养促进底泥中氨氮、有效磷和有机质含量显著上升，提升土壤的肥力。运用该模型对稻田综合混养系统各营养级之间的物质流动进行了分析，发现稻渔综合种养可以促进营养物质碎屑转移率的提高，减少对周边环境的污染，并据此提出了在稻田混养系统中增加螺类、草食性鱼类的比例，进一步优化稻渔综合种养模式。

（2）开展稻渔共生系统中养殖动物健康评价及其营养价值分析。运用高通量测序技术分析发现稻渔共生系统提高了土壤中营养物质的转化效率，改变了土壤和养殖动物肠道微生物物种丰度，增加了稻田土壤、水体和养殖动物肠道微生物群落结构的多样性，稳定了养殖动物肠道内环境，养殖动物更加健康；同时发现稻渔综合种养可以提升水产品中的蛋白质含量、降低脂肪含量，符合人们对健康食品的需求。

（3）优化养殖品种结构，进一步丰富养殖模式。围绕华南地区稻渔综合种养品种单一的现状，首次在广东省内成功开展在稻田养殖小龙虾，并在河源、清远及佛山进行示范推广；在粤东地区首创利用冬季闲置稻田开展澳洲淡水龙虾养殖；根据不同地区特点与实际情况，创建"稻-鱼-螺""稻-虾"等综合种养模式。

稻田综合混养系统

稻渔系统中养殖的鱼

29.3 行业与市场分析

稻渔综合种养技术利用稻田的浅水环境，辅以人为的技术措施，既种植水稻又养殖水产品，使稻田内的水资源、水生动物资源以及其他物质和能源更加充分地被养殖的水生生物所利用，并通过所养殖的水生动物的生命活动，达到为稻田除草、除虫、松土和增肥的目的，获得稻渔互利增收。采用稻渔综合种养后，一是每亩稻田水稻产量一般可增长10%～30%；二是在稻田养鱼（虾）过程中基本不需要喷洒农药与施肥，每亩可节约成本500～600元；三是在不增加投资或很少投资（仅有少量的鱼苗成本）的情况下，每亩可收获水产品30～50kg；四是稻渔综合种养可提升水稻的品质，其所产稻谷价格与普通稻谷相比增长了10%～30%，综合效益提高100%～250%。

随着人民生活水平的提高，人们对水产品品质的要求越来越高，且需求量也越来越大。由于在稻渔综合种养模式中，多为不投饵料模式，保障了稻田养殖水产品的高品质，符合了人们对优质水产品的需求，使得其市场消费需求持续提升，未来随着"粤港澳大湾区"建设的推进，对安全优质农产品的需求将更加强烈。因此，稻渔综合种养技术具有非常广阔的市场前景。

30. 部优I级丰产型香稻新品种粤香430培育技术

30.1 技术简介

广东丝苗米米粒细长，有别于泰国香米和五常大米，极具岭南特色。随着农业结构调整的推进和乡村振兴战略实施，广东种业顺势而为，提出重塑广东丝苗米品牌，促进水稻产业健康发展，并取得了显著成效。当前广东主推的丝苗米品种大多产量低或抗性差，严重制约了品牌建设和发展，亟须开发品质优良、丰产性更好的丝苗米新品种。

广东省农业科学院水稻研究所何秀英研究员团队研发的部优I级丰产型香稻新品种粤香430，株型协调、分蘖力强、丰产性好、适应性强，米质鉴定为部标优质I级，饭味足，

粤香430田间种植展示

香味浓。2018年获广东省首届稻米产业发展大会金奖，2020年通过广东省品种审定（粤审稻20200063，首批香稻组）。该品种实现了外观品质和食味品质的统一，以及产量和品质的平衡。

30.2 技术创新

（1）实现了外观品质和食味品质的统一。粤香430的米质被鉴定为部标优质 I 级，糙米率79.8%～81.8%，整精米率63.3%～63.4%，垩白度0.1%～0.4%，透明度 I 级，碱消值7.0级，胶稠度62mm，直链淀粉16.0%～16.3%，长宽比3.2∶3.3，有香味（每千克稻种2-AP含量为675.01～1 030.85mg，为同批次审定品种中最高值），品鉴食味分84.0～91.0。

粤香430外观品质

粤香430品种所获奖项

（2）实现了产量和品质的平衡。作为优质香稻品种，粤香430丰产性突出，连续两年在多地的试验结果表明，粤香430与对照组相比增产显著。粤香430于2018年参加晚造省区试，平均亩产414.1kg，比对照种美香占2号增产11.05%，增产达显著水平；2019年晚造复试，平均亩产498.4kg，比对照种美香占2号增产14.64%，增产达极显著水平。2019年参加晚造省生产试验，平均亩产485.46kg，比对照种美香占2号增产6.34%。

30.3 行业与市场分析

粤香430株叶形态协调，丰产性好，出米率高，饭味好，有浓香。截至2020年已在广东省多地种植推广，表现良好，具有重要的推广价值和应用前景。稻米品质是稻米品牌创建的核心，作为优质I级香稻品种，粤香430兼具丰产质优特性，可作为常规稻品种和骨干亲本使用，已为广东华茂高科种业有限公司、阳山丝苗米产业园提供重要科技支撑。

31. 赤灵芝代料栽培及孢子粉收集技术

31.1 技术简介

赤灵芝被称为灵芝草，属于多孔菌科，是一种药用真菌，其外形颇似一株五彩蘑菇，"蘑菇盖"呈不规则云朵形，有环纹与辐射状的皱纹相穿插；"盖"的下面有众多细密菌管孔洞；梗侧生于"盖"下，光泽如漆。赤灵芝的栽培过程复杂，木材消耗量大，同时存在孢子粉收集效率较低及质量低下等问题。针对此类问题广东省农业科学院蔬菜研究所何焕清研究员团队研发出赤灵芝代料栽培及孢子粉收集技术。该技术利用林业加工下脚料（木屑）和农业废弃秸秆进行菌包代料栽培，于室内环境全程发菌、出芝、收粉，操作简单、实用、环保、安全、高效，解决了灵芝栽培及孢子粉收集周期时间长、孢子粉产量低等问题。

培养架上的灵芝菌包　　　　　　　　培养架上灵芝菌包培育出的孢子粉

31.2 技术创新

（1）操作简单、环保、安全、高效。赤灵芝代料栽培及其孢子粉收集技术，是经过长期实践、不断改良摸索出的适合广州乃至华南地区的栽培技术，相较于灵芝大棚栽培，其操作简单、实用、环保、安全、高效。

（2）缩短培育时间，提高产量。以1.5kg左右的灵芝菌包为例，配套应用的优良菌株（梅灵3号等）从接种到采收最快只需50 ~ 60d，显著缩短了灵芝培育时间，其孢子粉产量超过8g/包，比常规品种提高10%以上。

（3）杜绝污染，提高纯度。该技术通过将菌包出芝成熟后产孢子粉的阶段置于专门设计的室内封闭式层架中，杜绝了孢子粉收集过程中的灰尘、土壤、虫害等污染，大大提高了孢子粉纯度，既适合家庭农场、小型种植户，也适合规模化种植企业。

（4）精准调控，周年栽培。采用精准调控和液体菌种新技术，实现周年栽培，与传统季节性栽培相比，实现周年充分利用栽培场地、设备设施，还解决了季节性就业的问题。同时菇农无须购买菌包生产设备、另辟生产场地，还可以得到制作菌包单位的技术指导，从而大大提高全行业灵芝栽培的整体效率和水平。

31.3 行业与市场分析

应用该技术可以在室内立体层架上栽培灵芝，每平方米可堆放菌包100 ~ 280包，而传统室外大田摆放栽培，每平方米栽培约15包，因此该技术可明显提高栽培效率。据统计，2020年推广栽培过程中，每亩增产灵芝子实体20kg（120元/kg）、孢子粉8kg（800元/kg），每亩增值8 800元。

32. 一种缩短芒果产期技术

32.1 技术简介

芒果为著名热带水果之一，营养价值高。芒果的繁殖方法可分为有性繁殖及无性繁殖两种。有性繁殖即用种子播种繁殖，所繁殖的种苗一般也称为"实生苗"。无性繁殖包括嫁接、空中压条及扦插等，一般以嫁接法较为常用。

广东省农业科学院南繁种业研究所研发出缩短芒果产期技术，该技术涉及植物杂交育种和栽培技术，已经在海南芒果园广泛使用。该技术包括如下步骤：①播种实生苗和移栽；②选择多胚品种做砧木；③选取健壮的实生苗接穗，嫁接在砧木上；④土施多效唑。嫁接后，当接穗长至第二蓬梢刚转绿时，在嫁接的树头两边挖浅沟，浇施多效唑溶液后覆土，每株嫁接所施的多效唑溶液中多效唑含量不少于2g。

32.2 技术创新

（1）实生苗高位嫁接技术。与现有技术相比，采用实生苗高位嫁接技术，可以提高嫁接成活率。

芒果嫁接技术

（2）土施多效唑技术。采用该技术可控制接穗枝梢徒长，促进枝梢老熟，为提早开花挂果和促进坐果创造有利的养分条件。

（3）加快育种进程。真杂种半年就可挂果，可直观快速鉴定真假杂种，大大加快了芒果育种进程，能节省大量人力物力。

32.3 行业与市场分析

与现有技术对比，该技术可以提高芒果嫁接成活率，缩短开花、挂果、坐果周期，加快育种进程，能节省大量人力物力。将该技术推广到芒果生产中，因早挂果、早上市，提高了经济效益，并对生态环境友好，具有广阔的市场前景。

33. 杂交稻优质不育系泰丰A的创制技术

33.1 技术简介

习近平总书记多次强调，"中国人的饭碗任何时候都要牢牢端在自己手上""我们的饭碗应该主要装中国粮"。广东省农业科学院黄耀祥院士开创的水稻"矮化育种"技术和袁隆平院士领衔的"杂交稻育种"技术，很好地解决了我们"吃得饱"的问题。随着温饱问题的解决和生活水平的提高，"吃得好"成为我们追求的新目标。一直以来人们对杂交稻的印象就是"产量高，但不好吃"，即"高产难优质"成为杂交稻进一步发展的"卡脖子"问题。

广东省农业科学院水稻研究所王丰研究员团队研发的杂交稻优质不育系泰丰A的创制技术，通过培育粒型细长、垩白少、整精米率高、直链淀粉含量较低、胶稠度大、食味佳的优质不育系，解决了杂交稻"高产难优质"的"卡脖子"问题。

33.2 技术创新

(1) 解决了杂交水稻品质差的难题。首次提出通过培育粒型细长、垩白少、整精米率高、食味佳的不育系来解决杂交稻外观品质、加工品质和食味不理想问题，并培育出米粒长宽比高达4.3的优质不育系泰丰A并广泛应用于生产，有18个品次在国家和省级食味鉴评中获得金奖或银奖，成为多省优质稻产业发展的主力军。

(2) 破解了水稻"既高产又优质"的难题。通过对控制优质不育系泰丰A/B品质性状的遗传研究，首次探明了该不育系优良品质形成的重要遗传基础，找到了解决水稻"高产不优质"的关键基因 $qGW7/qGL7$，为今后优良杂交稻高效育种奠定了重要基础。

33.3 行业与市场分析

本项目通过品种权转让、授权及市场化开发，累计新增利润9.325亿元。其中，2019—2021年直接经济效益每年达2.7 ~ 3.3亿元；累计生产种子3 529.76万kg，推广面积2 823.7万亩，稻谷增产6.37亿kg，增加社会经济效益超过29.33亿元。此外，由于泰丰A系列杂交稻稻瘟病、细条病、白叶枯病和稻曲病的田间抗性好，可以少打农药，节约成本，社会效益与生态效益显著。

34. 樱桃番茄新品种及配套设施无土栽培技术

34.1 技术简介

樱桃番茄是一种世界性果蔬，2020年全球种植面积约100万hm^2，我国樱桃番茄种植面积约15万hm^2，国内外对于樱桃番茄需求量很大。广东省农业科学院设施农业研究所研发了一种樱桃番茄新品种及配套设施无土栽培技术，所选育出的粤科达101，登记编号GPD番茄（2020）440521，入选2021年广东省农业主导品种。该品种长势强，普通叶，叶色绿，早熟，以多歧花序为主，连续坐果能力强。35 ~ 40d开始开花，95 ~ 100d第一穗果开始成熟。田间表现中抗青枯病，中抗TMV，高抗枯萎病，耐寒、耐热性强，适合设施种植。樱桃番茄设施无土栽培采用技术包括设施设备，专用品种，营养液管理，根际环境调控及周年生产技术，具有以下特点：①投入低，产出高（高效）。管理成本低，劳动力节省超过50%，产量高，比传统种植的产量高出50%～100%，且可全年生产，产品价格高，实现了高效生产目标。②技术成熟。将设施设备、专用品种、营养液管理集成为成套技术，实现环境调控，适应高温多雨季节，解决土传病害和根际氧气供应的问题，为作物生长提供适宜环境，保证作物健康生长，病虫害发生少，产品优质安全。③环境友好。营养液实现封闭循环，不污染环境，并对病虫害综合防控，营养液精准调控，减少了农药化肥使用，达到双减目标。

34.2 技术创新

（1）品质与口感优良。粤科达101为高品质口感型品种，品质好，与同类型樱桃番茄品种以色列海泽拉的夏日阳光相比，粤科达101可溶性固形物含量更高，果实更加耐裂，解决了我国高端樱桃番茄品种卡脖子问题。

（2）减少病虫害及人工成本。该栽培技术与传统土壤栽培相比，具有产量高，品质优，病虫害少，人工投入较少的优点。

（3）管理技术先进、成熟。该技术与基质栽培相比，技术成熟，管理方便，特别是根际环境管理方面，采用浮根毛细管技术，可实时监测栽培槽中营养液的EC值和pH。保障养分和氧气供应充足，使得植株根系发达，确保植株健壮生长，生产效率提高，实现高产优质的目标。

（4）投入低，产值高。该技术适宜各种类型温室大棚，在简易插地棚中也可使用，栽培槽、浮板等均可重复利用，投入低，不需要基质，也不需要基质处理，更加省工，与基质栽培方法相比投入更低，但产量提高20%，并且果实可溶性固形物含量高，品质优。

樱桃番茄设施栽

（5）果实绿色、无污染。该技术属于环境友好型技术，在樱桃番茄整个生育期，营养液封闭循环、利用充分，化肥农药施用少，生产过程基本无污染。

34.3 行业与市场分析

樱桃番茄营养丰富，富含维生素A、维生素C和矿质元素，所含的番茄红素和胡萝卜素等具有降低血液胆固醇、减少心脑血管疾病发生及预防肿瘤等多种功效，因而具有较好的社会效益。水培樱桃番茄产值高，对环境无排放无污染，病虫害少，还具有观赏性，可发展采摘农业和休闲观光农业，具有良好的生态效益。

35. 辣椒轻简化高效栽培关键技术

35.1 技术简介

土地零碎化是当今农业面临的较为严重的问题，广州地区大多数农户在单一位置的土地都较小，较难适用大规模机械设备耕种，栽培技术较为落后。

广东省农业科学院蔬菜研究所研发了辣椒轻简化高效栽培关键技术，其适用于小面积农田辣椒栽培，并可以大大延长辣椒的采收期及显著提高产量。该技术的关键点在于整地时挖环沟、起高垄；播种时浸种催芽、穴盘育苗，提高壮苗率；定植时铺管、覆膜、打孔，驱虫除草，保水保肥；管理时利用简易水肥同步系统同步供应水肥。该技术的特点可总结为浸种催芽、穴盘育苗、高垄深沟、膜下滴灌、水肥同步。

辣椒轻简化栽培田间展示

35.2 技术创新

（1）栽培模式因地制宜。结合广州高温多雨的气候条件，明确提出"高垄深沟"的栽培模式。通过对地块的规划，促使田块排水通畅，避免积水；通过对起垄规格的要求（垄高30cm，垄面龟背状），避免垄面及垄间积水对辣椒根系的影响。

（2）采用简易水肥同步装置，适合农户小面积菜地使用。该水肥同步装置部件易购买、易组装，使用方便，极易上手，而且可同时供应水肥，省时省工省料。

（3）覆膜栽培减轻病虫害。覆膜栽培免去除草烦恼，还可驱避蚜虫。有效避免水分的大量蒸发损失，同时春种可增加地温，秋种时高温可杀灭地下虫害。银色膜能有效驱避蚜虫，减轻病毒的传播。

技术所获证书

35.3 行业与市场分析

该技术的主要投资为简易水肥同步装置，首部系统投资在每亩900元左右，管网系统投资每亩不超过100元，整体运营成本极低，系统部件极易购买，组装技术与实际操作简单，而且可同时供应水肥，大大降低了人工成本，同时延长辣椒采收期，从而实现增产增收，应用前景广阔。

36. 优质抗逆鲜食玉米选育新品种技术

36.1 技术简介

鲜食玉米一般指甜玉米和糯玉米，在广东省较早引进利用，经过近二十年的发展，现已形成完善的产业链，从品种研究、栽培生产、贸易流通、产品加工等方面都有较强的优势。广东鲜食玉米产业已发展为优势特色产业，在国内外都占有重要地位。当前，产业发展存在鲜食玉米同质化严重、市场产品单一、优质多样化产品不足等问题；同时，广东鲜食玉米生产受高温、多雨、台风等气候因素以及病虫害等生物因素的影响大，且生产成本较高。随着社会环境、人文因素、饮食结构等方面的不断变化，鲜食玉米产业也需要逐渐升级调整。

广州市农业科学研究院研发的优质抗逆鲜食玉米选育新品种技术，基于产业发展，利用多种育种技术选育鲜食玉米新品种，并积极进行推广示范，为满足市场消费需求做出了贡献。

广黑甜糯1803田间种植

36.2 技术创新

（1）去同质化发展。当前甜玉米生产集中以"泰系"品种为主，市场产品单一化严重，而且其株型高大、具有明显的黄粒大棒的性状，其品质不能满足大众消费要求。该研究项目通过选育差异化系列品种，助力鲜食玉米产业发展，满足了生产与消费多元化选择。

（2）矮秆优质品种选育应用。以金银粟超甜玉米创新为基础，将抗倒与优质性状特点充分融合选育新品种，既提高抗倒性以缓解频繁的暴风雨天气的影响，同时更方便开展田间生产管理。

（3）多样化育种技术。通过长期对种质资源的收集，结合分子手段与传统育种技术，选育了系列鲜食玉米新品种，包括甜加糯玉米、高花青素紫玉米、金银粟超甜玉米等不同类型，实现明显的差异化、多样化特点。

36.3 行业与市场分析

广东省是鲜食玉米生产与消费大省，同时也是我国主要的鲜食玉米流通枢纽，市场需求量大。鲜食玉米营养丰富，既可供应鲜食消费，又可用于籽粒罐头、真空包装等深加工利用。与普通玉米相比，鲜食玉米生产具有更好的经济价值，并有助于农民增收，经济和社会效益好。该成果可带动广东省鲜食玉米产业发展，生产优质鲜食玉米产品，满足粤港澳"菜篮子"需求，市场前景广阔。

37. 全生物降解地膜及其覆盖栽培技术

37.1 技术简介

地膜覆盖具有显著的增温保墒、增产增收等作用，能将地下0～20cm厚的土壤含水量提高2.6%～3.5%，农田降水利用率大幅度提高，在保障我国粮食安全及农民增收等方面发挥了重要作用。但传统地膜主要以聚乙烯或者聚氯乙烯为原料，在自然条件下的降解周期达上百年，大量地膜残留于土壤中，成为我国绿色农业发展面临的突出问题。而生物降解地膜能被自然界中微生物完全降解成水和二氧化碳，是替代传统地膜、解决地膜残留污染的一种有效措施和手段，但目前还存在一些技术、经济方面的问题需要解决，包括进一步提高生物降解地膜机械强度、提高产品破裂和降解的可控性、改善增温保墒能力等。此外，还需要进一步降低生物降解地膜的综合成本。

广东省科学院生物与医学工程研究所谢东团队研发了全生物降解地膜及其覆盖栽培技术。该团队自2009年开始从事生物降解地膜复合材料改性、制备及应用研究，是广东省最早从事生物降解地膜研究的团队，也是国内最早从事该领域研究的团队之一，同时也是国内为数不多的具备开展生物降解地膜复合材料改性、成型加工技术和应用技术研究的全产业链技术研究单位。

冬种马铃薯覆膜种植

果蔗地膜覆盖种植

37.2 技术创新

（1）研发核心技术促降解提性能。根据农用地膜的使用要求和特点，针对PBAT/PLA生物降解地膜使用过程中存在的共性问题，采用添加二维层状无机填料和多层共挤技术及构建有机-无机纳米杂化防老化体系，改善了生物降解薄膜的耐水解性、耐候性、水蒸气阻隔性和广适性，同时保持生物降解地膜良好的降解效果，并通过设计不同配方，使其满足不同作物的地膜覆盖栽培需求。

（2）地膜降解时间可控。构建有机-无机纳米杂化材料防老化体系，抑制生物降解地膜的紫外老化，延长其在户外的使用寿命。通过叠加功能助剂体系的设计解决地膜的降解可控性，使生物降解地膜的降解时间根据不同作物的生长要求控制在 2 ～ 12 个月。

技术所获证书

37.3 行业市场分析

本研究具有多项拥有自主知识产权的生物降解地膜发明专利技术，并根据生物降解地膜的性能特点及农作物生长发育需要，开发了多项生物降解地膜覆盖栽培技术及技术规程。在广东惠州的马铃薯、番薯、甜玉米和茄子，湛江的菠萝，清远的花生，河源的百香果，珠三角地区的果蔗、蔬菜，粤北的香芋，肇庆的西瓜等20多种作物上进行了生物降解地膜替代技术研究，试验示范面积超过15 000亩，实验效果良好，市场前景广阔。

38. 特色藤本果树高产栽培技术

38.1 技术简介

藤本果树又称蔓性果树，是指枝条不能直立生长，须攀缘在支架上生长的一类果树，这类果树的枝干称藤或蔓，如猕猴桃和百香果等。藤本果树地上部的病毒病和地下的茎基腐病是困扰产业发展的主要因素，因此果园生态保育、病虫害防控对产业持续健康发展、果农持续增收至关重要。广东省科学院南繁种业研究所等单位共同研发的特色藤本果树高产栽培技术，通过高效生物有机肥、多功能生态调控剂的使用，达到了调控土壤

本技术下果树生长图

病虫害防治

环境，增强果树的抗逆能力，降低主要病虫害的发生频次与为害程度，提高水果品质的效果。

38.2 技术创新

（1）科学浇水、施肥、喷药。根据果树的需肥需药特点，进行全生育期需求设计，把水分、养分、药物定量、定时、按比例直接提供给果树实现平衡施肥、集中施肥，使肥药均匀直达作物根部，减少肥药流失，养分过剩或被土壤固定等，提高肥和药的利用率，减少使用量，降低农业面源污染。

（2）精准测报病虫害。从控制病虫害源头入手，建立害虫预警监测网络，开展精准测报，在掌握害虫发生规律和时间的基础上精准用药，控制传播媒介，有效防控病毒病的发生与危害。该技术采用地下、地上齐抓共管的措施，从抓土壤健康入手，通过调控土壤微生物群落和养分供应，提高果树自身免疫力和抗逆能力。

38.3 行业与市场分析

随着人们生活水平的提高，猕猴桃和百香果这种富含多种维生素、氨基酸及钙、钾、硒、锌、锗等微量元素，并具良好口感的水果越来越受追崇。除了鲜食外还可以进行深加工，做成果饯、果脯、果酒、果酱和饮料，因而市场需求大，前景广阔。据测算，猕猴桃平均每年每亩产量500kg，售价约每千克60元，种植收益约为3万元；百香果平均每年每亩产量1 000kg，售价约16元/kg，种植收益约为1.6万元。同时，采用本技术可减少农药、化肥施用量20%，有效降低面源污染，对于提升土壤地力、保护生态环境具有重要意义。

39. 草地贪夜蛾诱捕技术

39.1 技术简介

虫害是影响农作物产量的重要因素之一，尤其是外来入侵物种，因缺少天敌，繁殖扩展速度极快，如不能有效治理会给农作物生长及农业生态环境带来严重的破坏。2019年1月，原产于美洲的害虫草地贪夜蛾入侵了我国云南省，之后迅速向江淮等地区扩散蔓延，并进一步向北方地区扩散，截至2020年已入侵我国大部分省份。草地贪夜蛾食性广、繁殖力高，迁飞能力和抗药性强，对我国农作物生产造成严重影响，已威胁到国家的粮食安全和生态安全。

为满足农业的可持续发展和环境安全的需要，国家提倡虫害防治要减少化学农药的使用量，而性诱剂由于其灵敏度高，特异性强，对环境友好无污染，在农业害虫的预测预报、诱杀以及迷向防治中发挥重要作用并得到了越来越广泛的应用。广东省科学院生物工程研究所作物逆境治理团队自草地贪夜蛾入侵我国以后，就开始密切关注草地贪夜蛾的实时发生动态，致力于寻找一种更加科学的环境友好型的病虫害治理方式。研究表明，草地贪夜蛾的寄主植物十分广泛，包括玉米、水稻、甘蔗、大麦、棉花、花生、高粱等76科353种植物，根据其寄主偏好，草地贪夜蛾通常可分为"水稻型"和"玉米型"两个亚型。两个亚型的草地贪夜蛾在寄主范围、迁飞行为、抗药性以及性信息素等方面均存在较大差异。

39.2 技术创新

该项目团队通过气相色谱-质谱联用仪（GC-MS）化学分析、气谱联用（GC-EAD）和昆虫触角电位（EAG）电生理实验，成功研发了草地贪夜蛾的性诱剂，并得到了广州市南沙区农业农村局的认可，现已设置草地监测预警点14个，用来监测南沙区果蔗田和玉米田的草地贪夜蛾的动态；同时，在南沙区大面积种植玉米和果蔗的多个行政村，利用该产品对草地贪夜蛾进行了集中诱杀，取得了良好的效果。实验表明，本性诱剂的主要特点是引诱力强，靶标性好，灵敏性高，引诱效果持续时间长且稳定，不污染环境，可用于草地贪夜蛾的监测预警和集中诱杀，值得大面积推广和应用。

诱捕器

诱集效果

39.3 行业与市场分析

2020年草地贪夜蛾呈现了虫源基数大、北迁时间提前、发生面积大的特征。根据农业农村部印发的《2020年全国草地贪夜蛾防控预案》，草地贪夜蛾威胁区域占我国玉米种植区域的50%以上，全年发生面积1亿亩左右，此外仍有潜在威胁区域2亿亩。大力推动农业可持续发展，是实现"五位一体"战略布局，建设美丽中国的必然选择。截至2020年，我国的害虫防治主要还是依靠化学农药，而化学农药的过量使用，容易引起"3R"（害虫抗药性、害虫再猖獗、农药残留）问题，不仅影响食品安全，而且污染环境，导致生态环境恶化，不利于农业的可持续发展。性诱剂成本低廉，方便在农田操作，在创造经济效益的同时，还可带来生态效益和社会效益。

40. 新型绿色农药制剂技术

40.1 技术简介

农药对作物增产稳产、病虫害防治等起到非常重要的作用，但农药的不规范使用，同样对食品安全、生态环境以及施药人的身体健康造成了一定的危害。因此发展高效、安全的绿色农药对于缓解当前的农药残留问题，以及防治环境污染、促进农药产业的健康发展具有积极的意义。

惠州市银农科技公司研发团队长期与中国农业大学等多家科研机构展开技术合作，致力于安全高效、环境友好型农药制剂的创新研发，建立起业内领先的DCS全自动化控制生产线，并持续优化生产工艺。其研发的新型农药制剂主要包括杀虫剂、杀菌剂和除草剂三大类型。2019年11月，来自国内多所名校的专家对该团队的7个畅销新剂型农药产品进行了全面审核评价，其中部分产品达到了国际先进水平。

40.2 技术创新

（1）卓越的产品性能，更具安全、环保、高效的优势。利用绿色环保有机溶剂和专用乳化剂，并筛选特定增效助剂，将常规剂型升级为绿色环保产品，避免了产品在使用中助剂成分对环境的危害，提高制剂稀释后药液的渗透、铺展及黏附能力，更好促进药效的发挥，从而实现农产品提质增效。

（2）智能制造，成为国内首家除草剂"无人工厂"。首创了苯嘧磺草胺与草甘膦混配的水分散粒剂和可分散油悬浮剂，两种除草剂成分混合叠加除草效应，不但提升了产品的杀灭杂草速度，延长持效性，还可减少草甘膦药量30%以上。该技术产品成为国内唯一登记的苯嘧磺草胺和草甘膦复配除草剂，并完成了国内首家自动化生产苯嘧磺草胺和草甘膦复配除草剂的"无人工厂"建设，研发水平步入全球领先水平。

（3）跨国合作，研发国内领先的制剂加工技术。团队与美国企业合作研发生产了一款兼具保护和治疗双重功效的广谱型杀菌剂，能克服目前市面上同类产品热储分解率偏高的问题，通过配方优化提高了杀菌剂有效成分的悬浮率，降低了热储分解率，且采用湿法研磨然后喷雾造粒技术，使有效成分粒径更小，悬浮率更高，药效更好。

（4）全程采用DCS自动化控制，品质稳定可靠。生产上采用自动化控制生产系统，全程采用高标准的空气净化和除尘系统、水软化供应系统、冷冻循环系统，并在国内首次实现专线生产，从根本上解决了产品交叉污染问题，保证品质稳定可靠。

技术所获证书

40.3 行业与市场分析

　　我国是农药生产和消费大国，但是农药的利用率一直很低，对环境危害较大。《中国农药工业"十三五"发展规划》提出，继续削减高毒、高残留农药品种，发展高效、低毒、低残留、环境相容性好的品种。同时行业集中度将不断提升，农药行业产业结构将深化调整，22种高毒农药产量降低至农药总产能的2%左右，环保友好型农药产能提高到70%以上。长期来看，农药集中度提升的趋势确定，产业结构将持续发生变化，优秀的绿色农药制剂技术将备受青睐。新型绿色农药制剂技术环保、高效、低毒和低残留，符合可持续发展的战略要求，并且在推广应用中可取得良好的经济效益。在农业生产过程中，将绿色环保农药制剂应用技术与绿色防控技术相融合，可以减少有毒有害易燃有机溶剂及粉尘对农民的毒害和对环境的污染，提高防治效果，减少施药次数和用药量，从而达到节本增收的目的。

在新形势下，市场需求、政策法规、种植方式等发生了变化，近年来国内种植业结构也有所调整，大豆、果树、花卉、中药材以及特色小宗作物的种植面积增加。粮食种植大户对于生产效益的热情追求，果蔬生产企业对产品品质和产量的追求，都会促进植物健康类产品在需求上的提升。因此，从国家产业发展规划来看，绿色农药制剂技术具有广阔的发展前景，未来在制剂行业具有很大的发展潜力。

41. 柑橘农药减量增效病虫害防控技术

41.1 技术简介

柑橘是广东省内种植面积最大的果树品种，其种植面积和产量分别占全国的12.4%和12.5%，广东作为国家柑橘优势产业带的一部分，形成了极具特色的柑橘岭南晚熟宽皮橘生产基地。长期以来，由于深受柑橘黄龙病、柑橘红蜘蛛等病虫害困扰，滥施农药、过量用药现象普遍，不仅造成农药浪费，而且导致严重的害虫抗药性和环境污染问题。柑橘生产减药迫在眉睫。

广东省农业科学院植保研究所害虫天敌课题组研发了柑橘农药减量增效病虫害防控技术并进行了大面积推广应用。该技术以发挥和利用天敌的控害潜能，最大限度减少化学农药为目标，响应了国家农药减施政策。

柑橘农药减量增效技术田间展示

41.2 技术创新

针对柑橘农药减施的迫切需求，项目组通过对病虫害的识别和监测，掌握了果园病虫害发生动态；通过释放捕食螨防治柑橘红蜘蛛，发挥自然天敌控害作用；同时辅以果园生草、覆盖地布除草等物理措施及科学合理施用农药，促进农药减量增效目标实现。该技术具有以下创新点：

（1）协调增效。该技术充分利用生态控制、天敌释放、迁移、理化诱控等措施，同时有选择地应用对本地优势天敌影响小的药剂，使生物防治措施与化学防治措施相互协调、增效。

（2）集成创新。该技术整合了人工饲养天敌应用、药剂筛选应用和本地优势天敌保护利用的最新研究成果。筛选出了一批对捕食螨等天敌影响小的药剂，明确了本地具有较高利用价值的捕食螨种类，可为发挥捕食螨等天敌的控害效能提供有力支撑。

（3）解决矛盾。该技术解决了释放捕食螨与药剂防治黄龙病等其他病虫害之间的矛盾。通过筛选应用合适的杀虫剂，实现防治木虱的同时又不会影响捕食螨释放，实现既防控黄龙病又利用捕食螨减施杀虫剂的目标。

技术所获证书

41.3 行业与市场分析

通过本技术的实施，可节省病虫害防治成本30%以上。以柑橘全年每亩药剂成本1 000元计，平均每亩每年节省药剂成本300元。另外通过配套柑橘化肥减量技术，以有机肥替代30%化肥，能有效改善果园土壤，提高柑橘产量，达到增产的目标。在当前柑橘产业低迷的情况下，通过本技术的推广应用，可有效降低生产成本，提高果品质量，对于提高柑橘产品市场竞争力有积极作用。随着人们对绿色健康果品消费意愿的提高，绿色防控技术应用规模也将逐渐扩大。因此，预期本技术有较大的市场价值。

42.中草药液防治农作物病虫害新技术

42.1 技术简介

农作物病虫害是影响农业生产持续稳定发展的重要因素，种类多、影响大、爆发成灾可能性大已成为它的标签。随着农业生产方式的变化，农作物病虫害的发生频率也逐渐增加，不仅造成了农作物严重减产甚至绝产的严重后果，更对我国农业生产产生致命打击，危及粮食安全。因此，我国政府高度重视，专门出台了《农作物病虫害防治条例》，以促进农业可持续发展。

广州市从化区农业技术推广中心诸卫平团队另辟蹊径研发出中草药液防治农作物病虫害新技术。该技术在田间防治柑橘黄龙病、针蜂方面取得显著成效，并于2021年5月在广东省中山市民众镇使用中草药液技术战胜香蕉巴拿马病，创造了奇迹。

本技术田间展示

42.2 技术创新

（1）防治针蜂虫害。本成果通过特制中草药配方使药剂产生特殊气味，干扰昆虫嗅觉器官，使针蜂（包括果实蝇、瓜实蝇）不来或少来，达到有效防治针蜂的作用，用环保、天然、低成本解决了这一难题。2021年11月，诸卫平团队对原中草药防治针蜂技术进行创新，成功研发出微生物防针蜂瓶，此技术利用微生物发酵餐余垃圾和普通植物散发的气味来趋避针蜂，效果显著，并于2021年11月首先在广州市从化区温泉镇南星村田间试验取得成功，并得到推广应用。此微生物防治针蜂技术既环保，又比原中草药防治针蜂技术成本更低、操作更简便，适合大规模推广应用。

（2）防治柑橘黄龙病和香蕉巴拿马病。该研究放弃对病原物斩尽杀绝的传统方法，采用环保的方法（中草药技术和微生物技术）、天然的物质（特选的中草药、餐余食品、培育的微生物等），实现了与病原物和谐相处，将病原物的危害降低到较低水平，实现农作物增产丰收。表现为：

1）利用中草药技术和微生物技术防治柑橘黄龙病。2015年以来，诸卫平团队在江西省信丰县、安远县，广东省广州市从化区、龙门县、廉江市和雷州市，广西壮族自治区鹿寨县等多地，使用以中草药技术为主，以微生物技术为辅，并以丰收瓶散发的中草药气味为空中辅助，防治柑橘黄龙病取得成功，使中等黄龙病病情（感染3年以下的病株）以下的病株恢复正常生长并开花结果，延长了原病株的经济寿命。2020年，在江西省信丰县某果园，利用该技术防脐橙黄龙病取得成功，喜获丰收，而且果味天然甘甜、品质好。

2）2021年5月，在广东省中山市民众镇，使用诸卫平团队首创的中草药启动次生代谢疗法，以中草药技术为主，微生物技术为辅，并以丰收瓶散发的中草药气味为空中辅助，防治香蕉巴拿马病，取得了显著效果，救活了500多棵病株，创造了科技奇迹。

自2016年以来，诸卫平团队先后使用中草药技术防治火龙果炭疽病和溃疡病、韭菜疫病、辣椒青枯病取得显著效果，目前，这些技术正在全面推广应用。

3）促进作物增产。该技术的中草药液及气味可以调节植物生长信号，促进营养吸收和转化，同时可作为叶面肥喷施，显著促进植物生长和增产。

2018年6月，诸卫平发明了丰收瓶，2020年申请了国家发明专利。丰收瓶仅通过其中草药液散发的气味来显著增加作物开花和结果，促进作物生长，帮助农户实现增产增收。丰收瓶在多种蔬菜和果树及粮食作物中应用，可实现产量增长20%以上。2021年5月，在广州市黄埔区某农场试验时，发现丰收瓶可以使玉米显著增产25%。本项目的中草药液使用纯中草药液提炼制成，安全而环保、操作简便，将成为一种环保型的后现代农业技术。

42.3　行业与市场分析

中草药液防治农作物病虫害技术提供了一个崭新的思路，目前国内外对于这项研究较少，深层次的机理和机制还不是很清楚，但是该技术结合了中国传统农学和中医学，在田间实践获得成功，说明该研究方向新颖且具有较强实践意义。同时该技术还有环保、低成本、操作简便、实用性强等优点，市场潜力很大。

43.蔬菜生产全过程生物农药防治病虫害技术体系

43.1　技术简介

蔬菜作为特色优势农产品，在农民增收、产业扶贫等方面发挥了重要作用。目前蔬菜病虫害防治仍以化学防治为主，不仅导致蔬菜农药残留超标，严重影响蔬菜质量与食用安全，而且导致病虫产生抗药性、生态环境污染等严重后果。因此，开展蔬菜主要病虫害生物农药控制关键技术研究及示范，可科学有效防控病虫害，显著降低蔬菜农药残留，提高蔬菜品质和价值，进而促进蔬菜产业健康发展。

广东省农业科学院植物保护研究所李振宇研究员团队研发了蔬菜生产全过程生物农药防治病虫害技术体系。该技术体系联合使用多种监测手段构建完善的蔬菜病虫害预测预报系统，在种群动态监测和抗药性监测基础上，应用以苏云金杆菌G033A和金龟子绿僵菌CQMa421等生物农药为主的综合防治技术，综合使用种子丸粒化包衣、拌土撒施和叶面喷雾等多种施药方式，多管齐下，满足蔬菜生产全过程的病虫害防控需求，并可延缓抗药性产生。

43.2　技术创新

（1）多种监测手段构建预测预报系统。在蔬菜种植基地采用诱虫板、诱虫灯和性信息素诱捕器等多项监测技术，对蔬菜病虫害种群动态进行监测，并定期采集监测点害虫和病株，进行室内生物测定，判断抗药性水平高低。

（2）以生物农药代替化学农药。针对蔬菜病虫害严重及抗药性高的问题，提出应用生物农药防治蔬菜病虫害，从而减少化学农药使用量，延缓抗药性的产生，提升了蔬菜品质和价值。

（3）创新施药技术。针对常规施药技术难以达到有效防治效果的问题，创新施药技术，联合组建了以种子丸粒化包衣、拌土撒施和叶面施药为主的施药技术体系，有效缓解了害虫"打不尽"的局面。

拌土撒肥

叶面施药

（4）其他综合技术。通过休耕、轮作及播前深耕晒田、翻晒、泡田等措施可显著降低害虫种群基数，可施用适量草木灰或石灰，降低后期成虫的防治压力，在条件许可的情况下，采取水旱轮作或休耕；采取田园清洁、消毒，及时铲除田间沟边杂草等农业措施，结合成虫电击捕杀、火烧土壤、防虫网等物理措施对蔬菜病虫害进行综合治理，保证蔬菜质量安全。

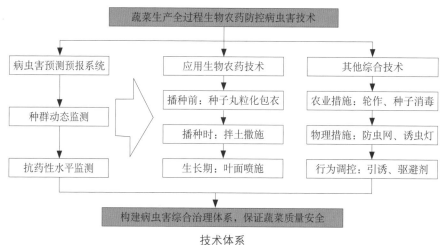
技术体系

鳞翅目害虫诱捕器　　　　　　　　　黄板诱杀害虫

43.3 行业与市场分析

以生物农药为主的蔬菜害虫综合治理技术体系安全高效、防效稳定、使用方便，所用技术和配套药剂能够延缓抗药性的产生，是蔬菜害虫抗药性综合治理的理想技术，深受广大菜农欢迎。推广应用以生物农药为主的综合治理技术能够有效治理蔬菜害虫的抗药性，每年可为农业生产挽回大量因病虫害造成的损失，保证农产品安全生产并可创造可观的社会经济效益，同时还对提升农民植保技术水平，提高种植效益做出重要贡献。

44. 华南地区根结线虫成灾机理及防治技术

44.1 技术简介

根结线虫是动物门线虫纲的一种昆虫，雌雄异体。幼虫呈细长蠕虫状，危害蔬菜，寄主范围广泛，在无寄主条件下可存活一年。被害植株地上部生长矮小、缓慢、叶色异常，结果少，产量低，甚至造成植株提早死亡，是危害最大的一类植物病原线虫，我国的粮食、经济作物均受其严重危害。

华南农业大学研发的华南地区根结线虫成灾机理及防治技术创新与应用技术，在对我国南方地区根结线虫种类进行全面系统的调查鉴定后，进而研究了根结线虫病的快速诊断技术及其成灾的生物学基础、发生规律、传播风险和致病分子机理，在此基础上研发了根结线虫病的综合防治技术，很好地控制了根结线虫病在华南地区的发生发展，显著提升了广东省乃至华南地区应对植物线虫病害的能力，有力推进植物保护行业科技进步，具有重大的意义。

44.2 技术创新

（1）检测速度快、准确率高。本项目查明，我国南方地区主要有南方根结线虫、象耳豆根结线虫、爪哇根结线虫、花生根结线虫、拟禾本科根结线虫和奇异根结线虫，其中南方根结线虫为优势种。该项目首次成功研发了直接利用染病植物组织和染病土壤的根结线虫病的快速诊断技术与线虫数量预测技术，该方法检测准确率达到100%，并无须从植物组织和土壤中分离根结线虫，极大加快了检测速度。

（2）深入阐明了根结线虫病成灾的生物学基础、发生规律、传播风险和致病分子机理。探明了土壤类型、温度、湿度、线虫数量等对根结线虫病发生的影响及新入侵中国大陆的象耳豆根结线虫的潜在适生区与发生风险；揭示了根结线虫具备降解植物细胞壁和抑制植物免疫反应能力的新分子机制。

（3）防治技术效果良好。研发了多种根结线虫病害单项防治技术，并集成综合防控技术体系。单项防治技术包括研发生产了杀线虫剂——利根砂1%阿维菌素颗粒剂，且产品在黄瓜等作物上登记使用（登记证号：PD20110968）；筛选出对根结线虫具有较好防效的茶皂素颗粒剂与菜籽饼粉和茶枯饼粉的复配剂、淡紫拟青霉等生防制剂及仙客1号等抗根结线虫番茄品种。在此基础上，集成病害综合防控技术体系，提出"抓植前保植时，抓苗床保大田"的防病策略，并对病害综合防控技术进行示范推广。制定了广东省地方标准《露地番茄根结线虫病防控技术规程》（DB44/T 1865—2016），为病害的有效控制打下良好基础。

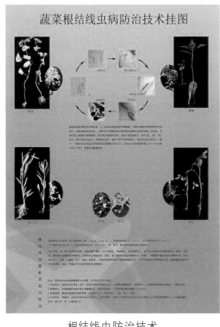

根结线虫防治技术

技术所获证书

本项目近三年在广东、海南和广西主要病区建立防控试验示范区37个，2017—2019年新增利润约24亿元，并使广大基层农技人员和农民对根结线虫病及其防治技术有了深入的认识，减少了农药的使用，保护了大田生态，提升了我国植物线虫病害研究及防控的国际影响力。

45. 广东蔬菜重要病虫害鉴定及防控关键技术

45.1 技术简介

广东是我国蔬菜生产大省之一，近十年来蔬菜年种植面积均在1 700万亩左右，产量超过2 400万 t，生产的蔬菜不仅供应本地市场，而且还能供应国内北方市场、港澳地区以及出口欧美与东南亚，蔬菜质量安全意义重大。针对广东蔬菜生产面临病虫种类众多而难以辨别、防治依赖于药剂、病虫抗药性水平不清以及防治抗药性病虫药剂不足等突出技术问题，需要以蔬菜质量安全生产为主线，通过产学研合作，摸清为害广东蔬菜的主要病虫种类、重要病虫的抗药性水平、蔬菜作物品种的抗病性水平及药剂的防效等关键科学问题，突破防控关键技术，并进行示范与应用。

广东省农业科学院植物保护研究所研发了广东蔬菜重要病虫害鉴定及防控关键技术集成与应用。该技术以栽培中防病虫为基础，以抗病品种利用为中心，适时采取药剂防控等防治策略，研制出防控关键技术4套，并在广东各主要菜区推广应用，7年来累计推广达460万亩次，新增蔬菜产量5.89亿 kg，新增蔬菜产值14.08亿元。

菜心病害抗性评价

苦瓜品种抗性评价

（1）鉴定新病虫害种类。探明了危害广东蔬菜作物病虫害的主要种类，发现并鉴定出新病虫害7种；摸清了8种病虫在广东的发生动态；发明了蔬菜病样组织表面快速消毒装置和快速获得大量烟草疫霉菌游动孢子的方法。

（2）创建抗病性鉴定技术。创建了蔬菜品种抗病性鉴定技术，筛选出抗病优质品种49个；测定了不同菜区来源的8株菜心炭疽病菌对6种杀菌剂的抗药性水平。评价出用于防治蔬菜主要病害的28种新药剂的田间防效，在此基础上，研发出用于防治抗药性病虫的

技术所获证书

环境友好型药剂3个；研制出4种蔬菜的主要病虫害防控关键技术。

45.3 行业与市场分析

截至2020年12月，本研究成果已在广州（番禺、增城、从化、花都、白云）、惠州（博罗、惠城、惠东）、中山、阳江阳春、茂名、佛山三水、肇庆高要等蔬菜产区推广应用，应用面积累计达460万亩。通过本项目的实施，明显提升了广东省蔬菜病虫害的防治技术水平，示范区内对重要蔬菜病虫的防效达80%以上，农药的使用量降低25%以上，为广东省蔬菜质量安全生产提供了强有力的植保技术支撑，进一步促进了广东省蔬菜产业的持续、健康发展。随着该成果转化的深入，必将产生更大的经济效益和社会效益，具有广阔的应用前景。

46. 应用环保安全、无抗药性的农用植物油防控果、蔬、茶病虫害技术

46.1 技术简介

中国农药生产量和使用量巨大，但主要是石油源的化学农药，其生产和使用不仅加剧了二氧化碳排放，还导致病虫抗药性上升，防控效果不稳定且不可持续，污染生态环境，威胁人类健康。许多小型害虫由于世代周期短、繁殖能力强、世代重叠严重、抗药性上升迅速，成为化学农药难以防控的对象。

广东省科学院动物研究所研发了应用环保安全、无抗药性的农用植物油防控果、蔬、茶病虫害技术。该技术成果涉及的产品是从发酵食品生产残渣中提取的植物源甘油酯，经特殊工艺处理加工而成，对天敌安全，与化学农药混用有显著增效减量作用。

技术产品

46.2 技术创新

（1）防治效果明显。该技术成果获得的产品是从发酵食品生产残渣中提取的植物源甘油酯经特殊工艺处理加工而成，安全环保，使用简单，经试验对黄曲条跳甲、柑橘害螨、柑橘木虱、荔枝蒂蛀虫、梨蚜、空心菜白锈病等均有较好的防治效果。

（2）病虫难以产生抗性。本技术对病虫的主要防控机制是物理窒息和行为拒避，病虫对其难以产生抗性，且对天敌安全，并与昆虫病原微生物、昆虫病原线虫等有协同作用，可与诱虫灯、诱虫板等组成推拉式组合，与化学农药混用有显著增效减量作用。

植物油防控蔬菜害虫－黄曲条跳甲

技术所获证书

46.3 行业与市场分析

推广应用低碳绿色的农药制剂是国家和社会的需要和共识。因病虫对本产品难以产生抗性，因此本产品可长期固定浓度和用量精准施用，且对天敌、环境和人体安全，可显著减少石油源化学农药的使用，从而减少碳排放，同时操作简单易行，适用范围广泛，在果、蔬、茶病虫害的防控中均可使用，具有良好的行业前景，巨大的市场容量和可观的经济效益。

47.重大植物病害烟粉虱传播病毒病绿色防控关键技术

47.1 技术简介

华南地区常年高温多雨高湿的气候条件导致植物病虫害危害十分严重，尤其是毁灭性病害烟粉虱传播的病毒病，近二十年来已给番茄、番木瓜等多种重要作物生产造成严重的损失，直接威胁该区域作物生产安全。对此广东省农业科学院植物保护研究所研发出了重大植物病害烟粉虱传播病毒病绿色防控关键技术。该技术围绕区域产业发展重大需求，深入开展烟粉虱传播病毒病防控基础理论与关键技术研究，取得重要突破，推广应用后产生显著的效益。

47.2 技术创新

（1）系统阐明危害的病毒种类。首次系统阐明危害华南地区的烟粉虱传播病毒种类，发现新寄主植物12种，发现并获国际病毒分类委员会批准的双生病毒科新种4个，摸清了华南地区烟粉虱传播病毒病危害情况，发现了雾水葛、铁苋菜等12种植物是烟粉虱传病毒的新寄主，鉴定出烟粉虱传播的病毒31种。

技术所获证书

（2）发现传毒效率不同的烟粉虱隐种。率先发现烟粉虱不同隐种传毒效率存在明显差异，揭示烟粉虱不同隐种的传毒特性，鉴定出华南地区烟粉虱存在8个隐种，并明确优势种为入侵种MEAM1、MED，发现了烟粉虱不同隐种传播中国番木瓜曲叶病毒和番茄黄化曲叶病毒的效率存在明显差异，其中MEAM1传毒效率最高。

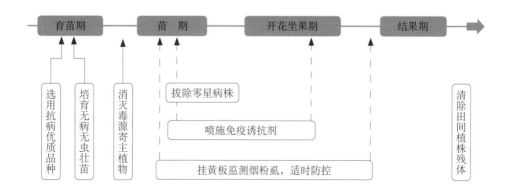

烟粉虱传播病毒病绿色防控技术体系

（3）创建了由"监测病毒动态、清除毒源寄主、切断传播途径、种植抗病品种、培育无病壮苗和喷施植物病毒免疫诱抗剂"组成的烟粉虱传播病毒病绿色防控技术体系。该技术体系已在华南地区广泛应用，有效地控制了重大植物病害烟粉虱传播病毒病的危害与流行。

47.3　行业与市场分析

通过育种专家与植物保护专家的协作攻关，突破了我国番茄生产持续发展的瓶颈，破解了国内缺乏抗烟粉虱传播的黄化曲叶病番茄品种的难题，实现了抗烟粉虱传播的黄化曲叶病番茄品种的国产化。本技术成果在广东、广西等省份累计推广达677万亩，该技术在华南地区相关作物病害防控的覆盖度达到85%以上，新增产值超过47亿元，减少农药施用2 000多t，有效地控制了烟粉虱传播病毒病的发生和危害，大幅度提升了作物病害防治技术水平，减少了生产过程中施用农药量，有效保障了作物生产的质量安全、数量安全和生态环境安全。该技术成果进一步辐射到湖南、江苏、贵州等省，取得了显著的社会、经济和生态效益。

48.农产品质量安全风险评估与预警技术

48.1　技术简介

农产品质量安全是关系社会民生的重大问题，相对于国际农产品质量安全风险评估水平，我国风险评估领域存在污染物高效识别技术缺乏、风险评估机理研究不清、暴露评估数据不足、缺少污染防控措施等问题。因此，为确保我国农业生产健康发展，提高农产品国际竞争力，开展风险筛查、风险消解规律研究、风险暴露评估等基础研究并形成关键技术，对于提升农产品质量安全保障能力，促进农业发展转型升级至关重要。

广东省农业科学院农产品安全风险监控团队负责人王旭研究员研究了农产品质量安全风险评估与预警技术。该技术基于现代光谱、色谱、质谱技术，开展重金属、农药、兽药、真菌毒素等污染物的定向与非定向筛查技术研究，揭示了污染物从产地环境（或投入品）到农产品的迁移转化规律和消解动态，为农产品质量安全风险控制及相关标准制、修订提供科学依据。

48.2　技术创新

（1）构建风险因子高通量非靶向筛查技术平台。基于超高效液相色谱-高分辨质谱技术，提出了一种非靶向快速筛查农产品中未知风险的策略。建立了包括样品快速前处理、用超高效液相色谱仪（UHPLC）准确分离和高分辨质谱（HRMS）检测在内的复杂基质中风险因子分析方法，建立了包括农药残留、真菌毒素、环境污染物等2 000多种标准物质数据库，同时引入保留时间校正策略，拓宽外部数据库适用度，提高定性筛查准确性，该方法快速、准确、灵敏度高，适用于农产品中未知农药残留的快速筛查分析。

（2）揭示污染物迁移转化规律和消解动态。研究了污染物从环境到农产品的赋存特征、迁移转化和富集机制，定位关键危害标志物及其代谢通路，阐明其污染代谢机理以及安全控制机制。

（3）开展农业投入品检测及残留限量标准制定、修订。开展农产品中的农药残留及贮藏稳定性等试验，出具残留试验报告和贮藏稳定性报告，为企业申请农药产品登记提供技术服务。

48.3 行业与市场分析

广东省是农产品生产和消费大省，保障农产品质量安全是重大的民生问题，也是贯彻落实乡村振兴、质量兴农的产业需要。从质量安全的角度开展全链条的农产品质量安全风险评估与预警技术研究，抓住关键控制点，最终形成可直接指导安全生产的系列成果，并制定系列科普宣传材料，在生产基地和农户中进行宣传、示范与应用，有助于将农产品质量安全从多年风险监测"被动监管"的单一模式转变为提供解决途径相结合的"主动保障"模式，可全面提升广东省农产品质量安全的保障能力，为助力农业产业发展向"提质增效、减量增收、绿色发展"的目标转型升级提供有力的技术支撑。本技术还可为政府农产品质量安全监管工作提供参考与建议，变事后监管为事前预防，并可指导农产品安全生产，降低生产风险，减少损失，从而增加经济效益，并能正确引导广东省农业安全生产，增强广大群众消费信心，有效消除对社会稳定不利的因素。

49.菠萝内外品质流水线式无损检测与分级技术

49.1 技术简介

菠萝属凤梨科，又称凤梨、番梨和黄梨等，香气浓郁，健胃消食，是人们"果盘子"中的重要一员。我国是世界上菠萝的主产区，广东、广西、海南、云南、福建等地均有种植，2020年产量达到173.30万t。在我国菠萝主要是鲜食销售，其外部和内部品质均十分重要。目前已有的果品分级装备主要采集果品的外部特征信息进行分级，包括对色泽、大小、重量等外部品质指标进行检测分级，但难以准确描述果品的内部属性。而针对内部品质的检测技术主要依靠鲁棒的噪声抑制算法，该算法需充分考虑样本的个体差异性（菠萝果型较大、表面粗糙，穿透能力有限，数据信噪比低），并进行相应数据处理算法的开发与样本试验，以校正个体外形不规则和环境因素，才能得到在线性能好、检测精度高的检测模型，这无疑降低了菠萝品质检测的准确性和及时性。

广东省农业科学院农业质量标准与监测技术研究所徐赛副研究员团队研发的菠萝内外品质流水线式无损检测与分级技术，通过同步获取菠萝的重量、图像和光谱传感信息，提取关联菠萝内外部多源信息变量，基于多源异构信息相互验证与补偿应用，以及机器学习对特征的挖掘筛选，形成融合多传感信息准确稳定的检测模型。与工程控制和装备研发技术相结合，构建形成适用于菠萝内外部品质的在线无损检测与分级技术。

49.2 技术创新

（1）软硬件和数据模型开发。该项目团队立足于菠萝的市场需求，综合运用多项无损传感技术，充分发挥各项技术的优势特点，建立菠萝外部和内部品质的技术检测方案，在噪声抑制算法、数据建模等方面开展了大量研究，自主研发用于菠萝检测的硬件、软件和数据模型等核心模块，最终形成针对菠萝外部和内部品质的检测装备。

（2）传感信号分析。所构建的检测装备体系，实现菠萝在流水线上动态传送过程中，完成对菠萝果实样品传感信号的采集、传输、运算、可视化和存储，可无损、快速、智能地分析出采后菠萝的色泽、大小、重量等外部品质信息，以及成熟度、甜度、水分等内部品质信息，从而基于品质参数指标个性化定制分级标准配套技术。基于流水线装备与多源传感信息融合，对严重影响菠萝市场口碑的"黑心病""水菠萝"研发了无损检测配套技术，可在流水线上动态智能解析菠萝"黑心病""水菠萝"发生情况，并进行自动分选，为保障菠萝市场品质、指导采后处理、实施优质优价、推动品牌打造提供了一种新方法与装备，有效促进菠萝产业的发展。

49.3 行业与市场分析

该技术与装备已在湛江市徐闻县友好农场进行应用与示范。无损检测技术作为一种新兴检测技术，在水果品质分级领域具有广泛的市场需求和应用前景。为促进菠萝产业健康可持续发展，进一步提升产业经济效益，依托无损检测分选技术，对菠萝的外部、内部品质进行检测分选，科学指导采后处理，实现果品分级、优质优价，对保障菠萝市场品质、促进品牌打造、提升市场竞争力具有重要意义，既可以保障消费者权益，又可以提高经济效益。

50. 大叶种红茶引进与生态智慧管控及产业化应用技术

50.1 技术简介

广东省既是茶叶消费大省，又是茶叶主产区，大叶种红茶产品以英红九号品种为主，其中清远红茶优势产区产业园年总产值已达55亿元。该区属南亚热带气候，海拔比较低，夏、秋茶季（4—11月）持续时间更长且普遍高温多雨，茶园病虫害高发，导致茶青品质差且质量安全风险高，严重限制了总体经济效益的提升。广东省农业科学院茶叶研究所等单位合作研发的大叶种红茶引进与生态智慧管控及产业化应用技术，揭示了生境智慧管控提升大叶种红茶品质的生态学机制，提出了调控光照强度改善茶树微域环境的栽培技术理论，构建了茶园害虫监测的智慧预警技术、茶叶氨基酸提升的栽培技术及茶园生境智慧管控系统。该系统有效提高了害虫防控精准化，实现对大叶红茶品质和产量的安全定向改良和提升，推动了广东省生态茶园建设，提升了国内大叶种红茶的竞争力。

50.2 技术应用

（1）创建茶园害虫监测的智慧预警技术。通过创建"广东茶园主要害虫监测预警信息咨询服务系统"，实现了对茶园主要害虫种群动态的预测，帮助茶农和生产者把握害虫发生的关键时期，结合生境管控技术，实现对茶园的精确管理。

（2）阐明茶叶氨基酸形成的光调控机制。本研究阐明了茶叶氨基酸形成的光调控机制，提出了通过调控光照强度改善茶树微域环境的栽培技术，为茶树在采前阶段通过种植遮阴树提高大叶种红茶氨基酸含量提供了重要理论依据。

（3）研发大叶种红茶生境管控技术。本技术明确了生境管控技术对害虫控制和天敌保护利用的关系，阐释了茶小绿叶蝉等茶园主要害虫种群数量变动规律及其危害机理。为阐明"生境管控-天敌-害虫-茶叶品质"相互作用的生态学机制提供了丰厚的实践基础，推进害虫精准防控，实现茶园提质增效。

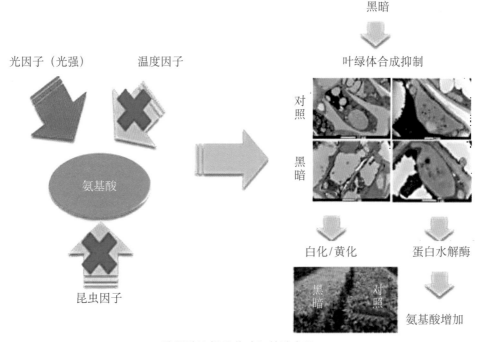

遮阴胁迫提升茶叶氨基酸含量

茶园生境管控技术

50.3 行业与市场分析

红茶是当前茶叶国际贸易中的主导茶类，其产量和贸易均占全球茶叶的75%。广东省茶产业以种植大叶种为主，如省级良种英红九号生长适应性良好，加工而成的茶叶产品售价高，每亩茶园年收益在1万元以上，经济效益优良。以广东高品质红茶消费市场需求为导向，开发大叶种红茶高效栽培技术，作为提升中国红茶产业核心竞争力的重要支撑，实现大叶种红茶品质和产量的安全定向改良，对推动中国生态茶园建设、茶产业健康发展以及推动乡村振兴具有重要意义。

51.L.P.K生物肥降解农作物有害物质技术

51.1 技术简介

近年来，由于化学肥料的大量施用，农产品品质受到了严重影响，其品质大幅下降，普遍出现了"果不甜、饭不香、菜无味"现象，也使作物增产潜力遭遇瓶颈，影响了农户对种植业的积极性；同时，化学肥料用量的急剧上升，还造成了蔬菜硝酸盐含量普遍超标严重。过量硝酸盐会诱发食道癌、胃癌、肠癌及肝癌等疾病，严重危害人体健康。有机农业虽在我国发展已有30余年，但发展相当缓慢，缺少可用的有机磷肥、钾肥是制约其发展的重要因素之一。

佛山金葵子植物营养有限公司研发了L.P.K生物肥降解农作物有害物质的技术。该技术是利用天然磷钾矿物、优质有机物料和有益微生物为原料，采用现代先进生物技术研制而成的生物磷钾肥，同时也是一款高效的生物刺激剂，已通过南京国环有机产品认证中心评估，可直接用于有机农业生产，解决了有机农业生产中磷肥、钾肥短缺难题。该生物肥主要功能有：调节生长，提升品质；增强抗性，减少病害；提前成熟，树上保鲜；促花保果，增产增收；降硝酸盐，安全健康。

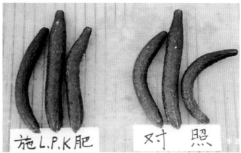

L.P.K生物肥对芹菜以及黄瓜的功效

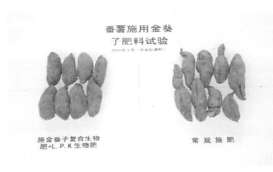

L.P.K生物肥对番薯、辣椒的功效

51.2 技术创新

（1）有效降低作物中硝酸盐含量。L.P.K生物肥能有效促进蔬菜体内剩余氮的代谢，使之快速转变为氨基酸和蛋白质，显著降低作物硝酸盐含量。广州市土肥总站在蕹菜上的试验结果表明：施用L.P.K肥增产37.8%，蔬菜中硝酸盐含量降低35%～50%，降硝酸盐作用极为显著。

（2）增强作物抗性。L.P.K生物肥中含有大量的有益微生物，施入土壤后能迅速繁殖形成优势菌群，抑制病原菌的生长，减少土传病害的发生，增强作物抗性，有效解决有机种植中病虫害难以防治的难题。

（3）提高种植效益和产品品质。L.P.K生物肥可有效促进花芽分化，提高坐果率，促进果实膨大，增加千粒重，延长采收期。同时，可有效增加营养物质积累，改进风味，提升品质，解决有机种植作物因养分不足而造成的产品品质下降、口感不佳等问题。

（4）填补国内空白。L.P.K生物肥的研制成功填补了我国有机农业发展中有机磷肥、钾肥短缺的空白。

肥料登记证

技术所获证书

51.3 行业与市场分析

近年来，随着人们生活水平的不断提高，农产品质量安全问题越来越受到广大消费者的关注，提高农产品质量，对于加快农业增长方式转变、提高农产品市场竞争力、扩大农产品出口创汇、保障广大城乡居民绿色消费及发展现代农业都具有重大意义。

当前，国内L.P.K生物肥同类产品寥寥无几，市场竞争不大。2020年我国粮食作物、水果和蔬菜的种植面积分别达到17.52亿亩、1.90亿亩和3.20亿亩，按每亩作物每年施用L.P.K生物肥20kg，三大作物10%面积使用L.P.K生物肥及其同类产品，L.P.K生物肥市场占有率15%计算，则每年L.P.K生物肥需求量达678 600t。现阶段我国有机农业发展仍然处于初级阶段，发展潜力巨大，有机L.P.K生物肥市场前景广阔。

第二章 畜牧水产业技术

1. 优质肉鸡效率育种关键技术

1.1 技术简介

我国肉鸡主要分为快大型白羽肉鸡和黄羽肉鸡两大类，白羽肉鸡种源主要依靠进口，黄羽肉鸡完全由我国自主育种。2019年我国黄羽肉鸡出栏48亿羽，超过白羽肉鸡的41亿羽。广东省黄羽肉鸡在全国的品种供应中占比超过60%，领跑全国，是我国现代种业战略发展的重要一环。广东省农业科学院动物科学研究所开发的优质肉鸡效率育种关键技术，集成了优质肉鸡效率育种提升关键技术，实现了黄羽肉鸡产业的提质增效。

1.2 技术创新

该技术围绕我国传统育种技术效率低、制种成本高这一制约我国黄羽肉鸡育种高效发展的重要核心因素，重点研究了体重与肤色一致性、配种间隔时间和饲料利用效率等关键技术，该育种技术具有以下几方面优点：

（1）肉鸡次鸡率下降。创立矮小突变基因快速、节本检测技术，保证了矮小基因的稳定应用，快速解决引进资源与地方资源节粮配套利用的瓶颈问题。高效发挥矮小基因在节粮、节省空间以及品种配套保护方面的优势，有效提升节粮配套系父母代种鸡的稳定性，使商品代肉鸡次鸡率由2%降至0.5%以下。

（2）料重比降低。创建饲料利用效率快速分子检测技术，提高鸡饲料报酬的育种效率。在不影响鸡生长性状的前提下，挖掘出影响饲料转化效率的高效标记位点，搭建高效、准确的分子检测、纯化方法，使培育的肉鸡品种快速实现料重比降低5%以上，同时有效减少养殖废弃物排放，达到节粮环保的效果。

（3）高效准确地获得纯合个体。建立肤色一致性快速分子检测技术，有效提高鸡群屠体外观一致性。在三黄鸡、青脚鸡、竹丝鸡等专门化品系组建中，可高效、准确获得皮黄、胫黄和皮白、胫白等外观一致性好的纯合个体，较传统选育中利用测交剔除杂合个体的方法节约半年以上的时间，并有效节省鸡群饲养场地、人工和饲料等成本。

（4）缩短制种周期。创制公鸡交配最佳间隔技术，提高种母鸡利用效率，缩短制种周期。缩短种母鸡停配时间超过10d，每只种母鸡每次轮配可多提供种苗5只，增加优质种苗供应量，节省了生产成本。

技术所获证书

1.3 **行业与市场分析**

2021年中央1号文件强调要打好种业翻身仗。习近平总书记高度重视种业问题，强调要下决心把民族种业搞上去。鸡肉被称为"营养之源"，是世界第一大肉类产品，是我国第二大肉类消费产品，在确保"肉篮子"稳定供应、脱贫攻坚等方面发挥着重要作用。黄羽肉鸡肉质好、风味佳，是我国自主培育的品种，但存在生产与育种效率低的关键问题，如何打好种业翻身仗是育种工作者未来工作的核心命题。该技术成功应用于36个专门化品系的培育和8个肉鸡品种的改良，成果的关键技术直接转化收益达2 589万元。近五年累计推广经本成果关键技术改良的父母代2 376万套，提供上市肉鸡28.51亿只，新增社会经济效益855.3亿元。

2.黄羽肉种鸡高效繁殖营养调控关键技术

2.1 **技术简介**

广东省是全国最主要的黄羽肉鸡出产地。种鸡在饲养中缺少微量元素和维生素可能导致产蛋量减少、种蛋受精率下降、孵化率低、弱雏多等问题，除此之外，种鸡母体营养素的限制会使自身激素水平降低和供给蛋中的营养不足，导致鸡胚机体发育受阻，子代初生重和脏器重较低，进而影响到子代后天的代谢、内分泌状态、生长发育以及肉质品质。因此，种鸡饲粮营养对子代鸡的产品品质具有非常重要的意义。

广东省农业科学院动物科学研究所家禽营养与饲料研究室研发了黄羽肉种鸡高效繁殖营养调控关键技术。研究室针对产蛋率和受精率不高等问题，研制了含有满足黄羽肉种鸡维生素和矿物质需求的预混合饲料，并配套研发了高效黄羽肉种鸡饲料配制技术；研发了通过添加益母草、大蒜素和麦芽糖益生菌以提高繁殖性能的技术，构建了黄羽肉种鸡高效繁殖饲料配制技术，推动了黄羽肉种鸡饲料产业绿色健康和可持续发展。该技术整体达到国际先进水平，获得1项国家发明专利"一种提高种母鸡繁殖性能的饲料添加剂预混剂及其应用"，并根据本技术的相关成果制定农业行业标准《黄羽肉鸡营养需要量》。

2.2 技术创新

（1）建立了新营养配置技术。建立了针对不同类型黄羽肉种鸡的不同阶段的饲粮氨基酸平衡模式和能量、蛋白质动态营养需求模型，研制出基于氨基酸平衡和净能的低蛋白饲粮配制营养关键技术。根据多种中草药（荞麦、益母草等）对黄羽肉种鸡卵泡发育、产蛋率、孵化率以及子代鸡生长发育的影响，研制出提高黄羽肉种鸡繁殖性能营养调控技术。

（2）研制了高效养殖技术。研制出黄羽肉种鸡高效养殖技术，该技术减少了后期微量元素的使用量，建立了黄羽肉种鸡饲粮维生素和矿物质最佳使用模式。

（3）研发了环境友好型营养调控技术。依据该技术研发出黄羽肉种鸡饲料"鸡多维C428""南都鸡矿"等产品。该技术可以降低养殖过程中的氮排放和减少微量元素的使用，是一种环境友好型营养调控技术。

2.3 行业与市场分析

黄羽肉种鸡高效繁殖营养调控关键技术适用于全国肉种鸡的健康养殖，该技术已在国内100多家饲料企业进行推广和应用。应用该技术可使黄羽肉种鸡出雏率提高2%，以每只黄羽肉种鸡一年出雏200只计算，则每只种鸡增产雏鸡4只，以每只雏鸡售价1.5元为基础，每只黄羽肉种鸡可以增效6元，以广东省2020年存栏黄羽肉种鸡500万只计算，则该年增效3 000万元，市场应用前景广阔。

3. 黄羽肉鸡肉品品质营养调控技术

3.1 技术简介

广东省是黄羽肉鸡生产和消费大省。由于集约化高密度饲养，追求高生长性能和高生产效率，导致黄羽肉鸡肉品质量下降、腹脂沉积增多、肌纤维变粗、肌肉渗水以及货架期缩短等问题日益突出，为了解决该问题，广东省农业科学院动物科学研究所研发出黄羽肉鸡肉品品质营养调控技术。该技术实现了黄羽肉鸡鸡肉品质的改善，降低了饲养成本、延长了鸡肉贮藏货架期，增加了产品附加值，提高了养殖企业的经济效益，现已进行了大面积推广应用。

3.2 技术创新

（1）改善黄羽肉鸡肉质的营养调控技术。在黄羽肉鸡宰前三周饲粮中添加益长（禽）素 300mg/kg、维生素 E 40mg/kg、有机硒 0.225mg/kg。经试验验证，使用该技术可显著降低黄羽肉鸡肌肉水分损失，减慢肌肉褪色速度，维持肉色稳定性，提高肌内脂肪含量，降低肌肉剪切力值，从而改善了鸡肉品质。

（2）改善黄羽肉鸡风味的营养调控技术。在黄羽肉鸡宰前三周饲粮中同时添加益长（禽）素 300mg/kg、维生素 E 40mg/kg、维生素 B_2 8mg/kg、有机硒与无机硒各 0.15mg/kg 或同时添加维生素 D_3 1800IU/kg、钙（仅大鸡阶段添加）0.4%、谷氨酸钠 540mg/kg。经试验验证，使用该技术改善了滴水损失和肉色。

（3）缓减运输应激对肉品质不利影响的营养调控技术。在夏季高温高湿季节，每千克宰前饲粮中添加 L-天冬氨酸镁 10 ～ 20g 和维生素 E 40mg。经试验验证，使用该技术可显著缓减运输应激和高温高湿应激对黄羽肉鸡肉品质的影响，表现为改善了鸡肉肉色，降低了肌肉水分损失，延长了鸡肉贮藏时间。

研究团队介绍

3.3 行业与市场分析

黄羽肉鸡在集约化高密度养殖条件下，肉品品质不断下降，新技术的推广可以大幅度改善黄羽肉鸡肉品品质，延长肉品货架期，能有效解决黄羽肉鸡肉质粗老、失水率高、风味差等问题，已在广东、广西、海南、福建、浙江、湖南、江西、黑龙江、四川和山东等地区推广该技术，累计应用于 300 万只肉鸡生产，近三年实现直接经济效益 4 500 万元，节本增收 200 万元。

该技术的推广符合黄羽肉鸡产业可持续发展趋势，有利于提高我国地方优质鸡营养技术集成应用水平，打破白羽肉鸡养殖对我国的垄断，提高我国黄羽肉鸡肉品品质的国际竞争力，促进了农业可持续发展和现代化建设。

4. 黄羽肉鸡抗应激饲料与饲养技术

4.1 技术简介

黄羽肉鸡是我国南方常见肉用鸡品种（配套系），具有明显的三黄鸡特征。随着生产集约化、高密度养殖规模不断扩大，加上广东省内气候常年高温高湿，饲料易霉变等各种因素都会导致黄羽肉鸡发生应激反应，使得肉鸡自身抵抗力降低，疾病频发且趋于严重，由此造成的损失逐年增加，尤其是热应激、高饲养密度应激、运输应激和氧化应激等问题更加突出。

广东省农业科学院动物科学研究所研发出了"黄羽肉鸡抗应激饲料和饲养技术"，针对黄羽肉鸡应激问题，该团队系统研究了黄羽肉鸡应激的反应机理，从饲粮营养水平、电解质平衡、抗氧化调控、内分泌状况、免疫功能及多种抗应激剂使用等方面入手，研制出肉鸡系统抗热应激技术，能有效地解决应激所导致的鸡机体内分泌紊乱、免疫系统紊乱和电解质紊乱、酸碱平衡失调的问题，改善生长性能和免疫功能。针对大规模生产的需求对技术进一步优化、集成，研发适合于产业化生产的抗应激饲料产品新技术，使该成果能大面积推广应用于养鸡业，有效降低应激对黄羽肉鸡的负面影响，提升黄羽肉鸡养殖水平和产品品质，对环境保护、人类食品安全以及畜禽养殖业的可持续发展具有重要的意义。

4.2 技术创新

（1）研发了抗应激饲料。系统完成了黄羽肉鸡饲料抗应激产品的产业化生产工艺技术研究和改造升级，开发出具有自主知识产权的黄羽肉鸡饲料抗应激产品，获得1项发明专利。

（2）研发了益长素。研发出主要成分为大豆异黄酮的益发素。添加益长素能显著提高21日龄公母鸡的体重（$P < 0.05$）、并能提高 $1 \sim 21$ 日龄的平均日增重（$P < 0.05$）。益长素添加组公鸡的采食量和料重比显著降低了（$P < 0.05$），但显著增加了21日龄肉鸡回肠绒毛高度（$P < 0.05$）及绒毛高度和隐窝深度的比值（$P < 0.05$）。

（3）研发了鸡用酸化剂。首次分析研究了复合酸化剂中有效成分磷酸、乳酸、柠檬酸、延胡索酸（富马酸）的组成及比例对黄羽肉鸡实用饲料应用效果的影响，提出了鸡用复合酸化剂应用全新技术参数，进行了改造升级。

（4）联合应用配方技术。首次系统研发了活性酵母、复合酸化剂、大豆异黄酮在黄羽肉鸡抗应激饲料中的联合应用配方技术，证明了大豆异黄酮和复合酸化剂联合应用效果优于单纯添加酸化剂，充分挖掘利用复合酸化剂的应用潜力和作用。

（5）抗应激饲养技术。建立以"研究所＋示范基地＋公司（养殖户）"模式的示范基地，通过对大中型饲料企业开展技术讲座和推广鸡抗应激产品、到养殖场（户）进行现场指导和示范推广，以示范基地、大中型企业和养殖场（户）为中心，辐射带动周边地

研发技术产品 技术所获证书

区。项目实施使黄羽肉鸡日增重提高了5%～12%，存活率提高了3%～8%，也提高了鸡群整齐均一度，同时显著改善了鸡肉品质。

4.3 行业与市场分析

黄羽肉鸡产业已成为农业经济的重要支柱以及农村经济和农民增收的主要来源。该项目技术已推广至广东、广西、福建等10余个省份，应用于5亿只黄羽肉鸡的生产，直接经济效益累计达5.2亿元，带动产业效益达到15.2亿元，提高了黄羽肉鸡养殖业养殖水平，节省了成本，提高了市场竞争力。项目产品"必补-18"被评为国家级重点新产品，"啄毛必补"被评为广东省级重点新产品。本项目所开发的产品有明显的成本优势和应用技术基础，可在国内实现大规模推广，截至2020年已成功应用至全国100多家畜禽饲料厂，累计销售黄羽肉鸡饲料抗应激产品1 250t，生产配合饲料420万t，销售额12.6亿元，利润4 500万元，产品及技术的市场占有率超过20%；实现社会产值150亿元，增收节支约10亿元。

该技术的产品主要应用在黄羽肉鸡饲料中，添加后可显著减少养殖过程中抗生素等药物的使用，降低黄羽肉鸡的死淘率，降低了养殖风险，为饲料业和养殖业带来显著的经济效益。黄羽肉鸡抗应激预混料产品的应用作为解决黄羽肉鸡养殖业健康问题的一种有效的措施，有利于黄羽肉鸡养殖业的可持续发展，该产品属于绿色环保型高效添加剂，适合市场的需要和时代的发展，有较好的市场前景。该项目的实施对于解决黄羽肉鸡养殖病害及鸡肉品质下降问题具有重大的意义。同时这也可以助力农村经济的发展，具有重要的社会意义。

5. 黄羽肉鸡精准营养与安全低排放饲料配制技术

5.1 技术简介

饲料安全事关畜禽产品安全、养殖安全和环境安全。我国黄羽肉鸡年出栏量约48亿只，但黄羽肉鸡养殖条件落后，在当前集约化饲养条件下，各种形式的应激（如高温高湿、寒冷、宰前运输、转群、拥挤、电击以及饲料氧化酸败）均能促进黄羽肉鸡机体内氧化反应，肉鸡肠道炎症的发生、抗病力降低，健康状况和存活率下降，导致生产中抗生素等药物使用频繁，氮、磷、重金属元素过量排放，导致养殖环境污染严重。

针对以上存在的问题，广东省农业科学院动物科学研究所蒋守群研究员团队研发了黄羽肉鸡精准营养与安全低排放饲料配制技术，该技术可提高我国黄羽肉鸡生产水平和全价配合饲料、复合预混料的质量水平，达到低排放要求，适合黄羽肉鸡集中舍养、半开放式放养以及全开放式放养等多种生态养殖模式。

5.2 技术创新

（1）研发了饲料配制技术和饲粮配方。研发了黄羽肉鸡低蛋白氨基酸平衡饲粮配制技术和改善肠道健康、降低抗生素残留鸡饲料配制技术各1套；提供黄羽肉鸡不同饲养阶段饲料配方3个。

（2）提高肉鸡生产水平及饲料质量水平。该技术可有效地提高黄羽肉鸡生长性能，增强肉鸡免疫机能，改善胴体品质，提高养分沉积效率，有效节约饲料、降低饲养成本，降低氮、磷、重金属对饲养环境的污染。在肉鸡肥育阶段使用此技术还能降低抗生素残留、改善鸡肉肉色、pH、系水力、嫩度和风味等肉品品质指标，保障肉鸡的安全生产，提高养鸡业经济效益。

研发的饲料产品

应用该技术饲养的黄羽肉鸡生长性能

5.3 行业与市场分析

应用该技术可有效提高黄羽肉鸡生长速度，黄羽肉鸡日增重提高3%，提高养分利用率，降低饲料成本，应用该技术每只鸡可节本增效20元，以2020年推广应用于300万只黄羽肉鸡计算，则年节本增效6 000万元。该技术已在华南地区黄羽肉鸡养殖和饲料生产企业应用推广，累计生产20万t黄羽肉鸡配合饲料，取得了显著的经济效益。

6.H9N2亚型禽流感病毒继发肉鸡细菌感染的控制技术

6.1 技术简介

H9N2亚型禽流感病毒（H9N2AIV）是我国肉鸡行业中最常见的禽流感病毒亚型，鸡群对其均为易感并易诱发肠道疾病，加上毒株本身致病性低，易被忽视或无法科学治疗，容易造成大规模传播。另外，国内肉鸡养殖密度大，很多鸡场环境卫生管理不善，进一步诱发细菌感染问题。生产上控制H9N2AIV继发细菌感染最有效的手段是使用化学药物或广谱抗生素，但由于长期滥用，引发的细菌耐药性、药物残留和环境污染等问题日益严峻，引发了严重的食品安全危机和生态危机。

华南农业大学动物科学学院研发了H9N2亚型禽流感病毒继发肉鸡细菌感染的控制技术，围绕H9N2AIV感染肉鸡继发细菌感染机制，结合其流行特点和致病特征，从基础饲料保健、养殖阶段保健和肠道健康角度，创制出一套绿色、非抗生素控制H9N2AIV继发肉鸡细菌感染的防控技术体系（"１２＋"），能够有效防控H9N2AIV继发的肉鸡细菌感染问题，稳定鸡群肠道菌群平衡、健全机体免疫功能。该技术的推广应用，可有效降低肉鸡细菌性疾病的发病率，减少药物的使用，提高肉鸡的生产性能和产品品质，对家禽产业发展具有重要的经济意义、社会意义和生态意义。

6.2 技术创新

创制出"１２＋"饲养模式。具体为：

（1）抗感染基础保健无抗饲料。"1"是该技术运用抗H9N2AIV继发细菌感染的基础保健无抗饲料，维护肉鸡肠道健康，增强非特异性免疫功能，具有很好的抗炎、抑菌作用，促进肉鸡的生长。

相关文章

技术所获证书

（2）肠道保健。"2"是指做好2个养殖关键阶段的肠道保健。先在1～5日龄饮开口保健液，缓解转群、运输等应激，去瘟毒健肠胃；再在7～15日龄后补充肠道调整剂，调整肠道微生态平衡，促进营养物质吸收，增强机体免疫功能和抗病能力，进而达到"未病防病、患病治病、无病保健"的效果。最后重点预防20～40日龄易发的H9N2亚型禽流感继发肉鸡细菌感染。

（3）技术体系。"+"是指生物安全、免疫程序和饲喂清肠饮（每月饮水一周）。优化后的H9N2AIV继发肉鸡细菌感染的控制技术体系，能很好地预防H9N2AIV感染，提高控制H9N2AIV继发肉鸡细菌感染的效果。

6.3 行业与市场分析

建立以"高校＋示范基地＋龙头企业＋基层生产单位"为核心的产学研合作推广模式。利用各大高校、禽业协会、示范基地、企业和基层推广站的资源，通过技术讲座、技术培训、现场指导和派驻科技特派员等方式，以点带面、点面结合，推动H9N2AIV禽流感继发感染控制技术成果在我国肉鸡主产区的推广应用。

7. 种鸡禽白血病遗传抗性与抗病选育关键技术

7.1 技术简介

禽白血病是由禽白血病病毒引起的一种以髓细胞瘤和其他恶性肿瘤为主要特征的传染性疾病。自然感染条件下主要侵害骨髓细胞及淋巴系统，引发病鸡出现严重的免疫抑制，造成生长迟缓，并且增加禽体对其他病原的易感性，诱发混合感染和继发感染，给养禽业造成重大的经济损失。迄今尚无有效防控该疾病的疫苗和药物，国内外主要通过淘汰阳性鸡净化种鸡群控制禽白血病的发生。然而，鸡群净化周期长、劳动强度大、成本高，且容易出现假阳性，产生淘汰失误，该方法难以在家禽生产企业广泛推广。此外，与国外不同的是，我国地方鸡种品系繁多，不同地区、不同企业养殖模式多种多样，疫病防控技术水平差异巨大，完成禽白血病的净化面临着诸多困难，而不同养殖企业净化进程也难以做到一致，净化完成后鸡种依然面临着再次感染的风险。

华南农业大学动物科学学院研发出种鸡禽白血病遗传抗性与抗病选育关键技术，围绕不同亚群禽白血病病毒受体基因的遗传抗性位点，建立优质鸡A/B/D/E/J亚群禽白血病抗性位点的分子诊断技术，构建A/B/D/E/J亚群禽白血病病毒受体基因抗性位点的分子诊断技术平台，开发了一种阻断禽白血病病毒垂直传播的方法，集成了综合性的禽白血病抗性选育技术体系。该技术的推广应用有助于提高禽白血病净化效率，加快禽白血病净化进程，对家禽产业发展具有重要的经济、社会和生态意义。

7.2 技术创新

（1）建立数据库。建立了国内黄羽肉鸡和白羽肉鸡禽白血病基因型与抗性表型数据库。

（2）发掘鉴定遗传抗性位点，建立分子诊断基因分型技术。首次从中国鸡种中成功发掘与鉴定了5个ALV-A的遗传抗性位点（tva502-51 IdelCGCTCACCCs，tva502-16delCGCTCACCCCGCCCC、tva507A>G，tva260G>A和tva304-305insGCCC），3个ALV- B/D/E的遗传抗性位点（tvb3674C>T，tvb291_292insAG和tvb359_360insA），以及1个ALV-J遗传抗性位点（NHE1 AW38）。基于焦磷酸测序、PCR-RFLPs BSP测序、直接测序和高分辨率熔解曲线分析（HRM）分型等方法，建立了针对不同亚群禽白血病的分子诊断技术及基因分型技术，精准鉴定了鸡对不同亚群禽白血病病毒的遗传抗性。

（3）统一切断传播途径。基于首次发现的鸡白血病经公鸡精液外泌体传播给后代雏鸡的现象，筛选到一种能干预公鸡精液外泌体介导鸡白血病感染的标记抗体（抗CD81抗体），建立了一种阻断鸡禽白血病病毒垂直传播的方法，能有效预防禽白血病的垂直传播，不受ALV亚群、毒株变异的影响，统一切断传播途径，针对范围广，方法简单快速，效果好。

相关文章

技术所获证书

7.3 行业与市场分析

我国是家禽生产大国，肉鸡年出栏量超过100亿只，居世界首位。虽然家禽业长期开展禽白血病的净化工作，但由于养殖环境复杂、饲养品种多样，鸡白血病在我国鸡群中的感染仍然普遍存在，且存在混合感染的现象。因此，推广禽白血病遗传抗性与抗病选育关键技术，提高家禽对禽白血病病毒的遗传抗性，有助于提高禽白血病净化效率，加快禽白血病净化进程。自2015年起，种鸡禽白血病遗传抗性与抗病选育关键技术已在广东、广西、江苏、湖北、四川、福建等家禽主产区应用于生产实践，累计推广祖代种鸡规模达53.1万套，累计产生经济效益475 014.56万元，累计新增纯收益（利润）169 604.91万元。

8.蛋鸭抗热应激营养调控技术

8.1 技术简介

我国是世界蛋鸭养殖和消费第一大国。我国蛋鸭养殖数量稳定在3亿羽左右，超过世界总量的90％。夏季高温高湿环境是南方蛋鸭养殖业的重要制约因素，蛋鸭是热敏感型动物，对高温环境反应尤为明显。长期以来，由于农户蛋鸭养殖设施落后、养殖环境恶劣等因素所引起的蛋鸭性能下降问题尤为突出。蛋鸭出现采食量下降、产蛋性能降低、消化营养物质的能力减弱、免疫机能降低和死亡率提高等情况，对蛋鸭生产力及养殖效益带来极大负面影响。

广东省农业科学院动物科学研究所研发的"蛋鸭抗热应激营养调控技术"，针对高温导致蛋鸭产蛋性能及蛋品质降低等特点，重点研究蛋鸭热应激条件下采食调控机制和氧化应激诱导机制，集成开发一套抗热应激的蛋鸭营养综合技术。该技术从调度营养水平的角度降低了南方炎热气候对蛋鸭产业产生的影响，实现科技助力蛋鸭产业的提质增效。

蛋 鸭

8.2 技术创新

该技术针对蛋鸭产蛋阶段的生理特性，研究蛋鸭在热应激条件下采食调控机制和氧化应激诱导机制，通过添加功能性物质、调整饲料配方、添加饮水物质等方式研究蛋鸭抗热应激营养调控，研发出抗热应激的蛋鸭营养综合技术，并已进行大面积推广应用。该技术取得以下成果：

（1）机理突破。通过深入研究热应激环境下蛋鸭机体反应机制，发现鸭蛋热应激反应严重影响蛋鸭采食，其原因与热应激破坏下丘脑的氧化还原平衡相关。以此为基础，通过功能性物质添加、饲料配方调整、饮水物质添加等方式减少热应激对蛋鸭的影响。

（2）改善性能。该技术降低了热应激反应对蛋鸭的负面效应，提高蛋鸭采食量、产蛋率；增加日产蛋重，降低料蛋比；同时增加货架期鸭蛋哈氏单位及蛋白指数，提升蛋品新鲜度。

（3）提质增效。该技术可缓解夏季高温对蛋鸭产业造成的影响，减少了生产用药，做到"低投入、高产出"，提高了养殖企业竞争力和品牌影响力。

⬡8.3 行业与市场分析

随着我国越来越重视环境保护、民众食品安全意识的加强以及蛋鸭产业化进程的发展，原有的地面放养模式、圈养模式已无法满足产业发展的需要，蛋鸭旱养、网养、笼养及发酵床养殖等新型养殖模式应运而生。随着新型养殖模式的进一步推进、养殖密度的增加，对于应激条件下的营养调控技术显得更为重要。目前该技术成功应用于200万只蛋鸭的生产，直接经济效益累计达1 000万元，带动产业效益达1.5亿元。

9. 家禽无抗养殖技术

⬡9.1 技术简介

抗生素作为生长促进剂被长期广泛应用于畜禽生产，但长期使用抗生素会导致畜禽产生严重的病原菌耐药性和畜禽产品药物残留等问题。自2006年欧盟禁止在饲料中使用某些抗生素类生长促进剂以来，全球养殖业大力推进"减抗、替抗"进程。无抗养殖技术对家禽的健康安全养殖、家禽养殖产业的可持续发展，以及畜禽业"替抗、无抗"进程的推进具有重要意义。

广东省农业科学院动物科学研究所蒋守群研究员团队研发了家禽无抗养殖技术。该技术为改善家禽肠道健康问题、推进养殖产业"替抗"进程，开展了多维多矿及植物提取物、益生菌、多糖、酶等生物活性物质对肉（种）禽，蛋禽生长性能、免疫机能营养调控与肠道健康改善的研究，创立了肠道健康营养调控的家禽无抗养殖技术，并进行了一定规模的示范验证。这对我国家禽的健康养殖、畜禽产业的可持续发展以及环境保护具有重要意义。

⬡9.2 技术创新

（1）研发无抗养殖技术4套。研发了家禽无抗养殖技术4套，分别为家禽多维多矿强化技术；用于家禽肠道健康与免疫机能营养调控的无抗技术；用于肉种禽肠道健康与繁殖性能营养调控的无抗技术；雏禽的开食料技术。

（2）研制开发了产品"益禽素"。研制开发了改善禽体健康的产品"益禽素"，有利于从根本上解决家禽养殖生产中抗生素引起的耐药性和药物残留问题，避免抗生素等药物在养殖业中的应用，对改善养殖生态具有重要意义。

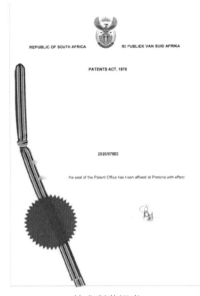

技术所获证书

益禽素产品

9.3 行业与市场分析

该技术可将肉禽重量提高4.5%，按禽出栏体重1.8kg计算，通过家禽无抗养殖技术每只可增重0.081kg，预计该成果转化将实现增加效益2元/只，市场前景广阔。

10. 生态饲料及生态循环型超有机养殖技术

10.1 技术简介

生态饲料是一类新型全价配合饲料，既可通过增强养殖动物抗病、抗逆、抗应激能力，改善养殖动物肠道长度、结构和肠道内有益菌群的种类和功能，以提高养殖动物消化吸收能力、肉质品质和健康水平；又可节省饲料资源、减排氮磷，有利于促进养殖业零排放的实现。生态饲料具有节约、减排、安全、高效、优质、保健六大特点。

华南师范大学生态与环境科学研究中心主任、广州市超有机循环农业研究院院长王安利教授，多年来致力于营养免疫学、生态营养学和生态循环农业等方面的探索研究，取得国际领先水平的科研成果2项，获授权国家发明专利3项。2015年王安利提出了生态饲料的概念并先后研究出生态饲料、优质健康安全环保养殖技术、高效菌肥、超有机种植技术，并创建了生态循环型超有机功能农业全产业链模式。所形成的生态循环型超有机功能农业全产业链模式如下：生态饲料生产→环保型超有机畜禽水产养殖→优质高效有机肥制造→功能型农作物生产和优质高效中药材栽培→收获优质农产品和优质中药材→获得保健食品与药品。

10.2　技术创新

（1）创建了一种优质、健康、安全、环保的养殖技术。该技术以安全高效、资源节约、生态文明为准则，通过运用营养免疫学原理和生态学理论，不断提高养殖动物的抗病、抗逆、抗应激能力和对营养物质的消化吸收利用转化效率，同时注重优化养殖环境，最终实现养殖动物的健康成长和品质优良的目标。经权威检测机构检测表明，投喂生态饲料30d后，养殖动物体内无抗生素残留、无激素残留、无农药残留、无有害元素超标，风味氨基酸、不饱和脂肪酸和牛磺酸等功能成分含量大幅提升，肉品品质得到明显改善。

（2）创建了一种生态循环型超有机养殖技术。该技术不仅可以大批量标准化生产优质畜禽，确保养殖动物成为优质产品，而且能真正实现畜禽养殖过程的零排放。在本技术支持下的畜禽养殖过程产出的排泄物无抗生素、无激素和无重金属超标，因而可将此类畜禽排泄物制成有机肥、高效菌肥、土壤修复剂和土壤改良剂。该技术不仅可以改良土壤，而且能为生产优质安全的粮食、瓜果、蔬菜和栽培优质高效中草药提供重要而直接的技术支撑。

10.3　行业与市场分析

生态饲料生产既是实现饲料产业和养殖业转型升级、提质增效和高质量发展的关键环节和重要保证，又有助于乡村振兴战略的实施、推动绿色发展和高质量发展。

使用生态饲料既可以大批量生产出超有机功能肉类产品，又可制成高效菌肥、高效有机肥、土壤修复剂和土壤改良剂出售，从而为超有机果菜茶、超有机粮食作物、优质中药材的生产奠定坚实基础。可以预测，生态饲料及生态循环型超有机养殖技术是急行业之所需，市场发展前景非常广阔。

11. 种猪全基因组选择技术

11.1　技术简介

在猪育种中，种猪全基因组选择技术是新一代分子育种核心关键技术，对繁殖性状、饲料利用率、屠宰等性状的遗传改良具有良好的应用效果，已被各大专业化国际育种公司广泛应用。然而，该技术的成功应用，需要以基因分型技术、基因组遗传评估技术及应用软件的开发为基础。当前，基因分型技术，普遍以商业化种猪基因芯片为主，无论是使用国内还是国外企业开发的芯片，其硬件均需要从国外进口。因此，实现分型技术的独立自主并实现产业化应用，是突破猪育种"卡脖子"技术的首要关键环节。另一方面，将基因组信息纳入常规遗传评估中，需要对现有遗传评估方法及软件进行升级，当前主流的全基因组遗传评估软件，均由国外团队开发，企业应用需要授权并支付费用，且数据安全性得不到保证。因此，开发独立性强的遗传评估算法和配套软件，有利于提高基因组选择技术在我国种猪育种中的应用面和自主性，实现技术的独立自主。

温氏食品集团股份有限公司研究院院长吴珍芳牵头研发的种猪全基因组选择技术研发和应用技术，突破了对进口芯片和遗传评估核心算法的依赖，实现了基因分型技术的独立自主，且效果

首例全基因组选择技术培育的种猪

更好，成本更低；同时相关软件开发配套齐全，可与现场选种和选配操作相衔接，满足育种现场应用需求。

11.2 技术创新

（1）打破国外芯片技术的垄断。联合中国农业大学和华大基因公司，研制了新的基因芯片、简化基因组测序（GBS）技术和全基因组测序三代基因分型关键技术，实现对国内外同类技术的超越，组建了高密度SNP芯片分型平台、GBS分型平台和全基因组测序分型平台，突破了基因组选择技术对进口基因芯片的依赖，新开发的第三代全基因组测序方法，较常规芯片方法能够提高40%以上的基因组选择准确性，且分型成本大幅度降低，优势明显。

（2）开发出新的基因组遗传评估算法，突破对国外遗传评估软件的依赖。新算法在不丢失估计准确性的前提下，计算速度比贝叶斯方法提高1 000倍以上。

全基因组选择专用基因芯片

育种专用测序分析一体机系统

11.3 行业与市场分析

种猪产业是国家战略性产业，当前国内还处于"小而散"的发展状态，随着生猪规模化养殖比重进一步提升，种业育种技术的重要性越来越凸显，我国是全球最大的种猪市场，行业发展前景广阔。而全基因组选择技术作为新一代育种技术的核心，应用前景广阔。

12. 商品猪优质高效绿色无抗饲料配制技术及不同体重阶段商品猪精准营养技术

12.1 技术简介

近年来，人们对食品安全的关注度越来越高，而生物污染和化学污染是严重威胁我国食品安全的重要因素。据统计，全球抗生素多数应用于食源动物上，致使细菌耐药性和药物残留等问题日益突出。为保障食品安全，倡导科学饲养，合理规范用药，我国已制定《遏制细菌耐药国家行动计划（2016—2020年）》，此外，农业农村部发布第194号公告，明确规定自2020年7月1日起，饲料生产企业停止生产含有促生长类药物饲料添加剂（中药类除外）的商品饲料。对于生猪养殖端而言，饲料禁抗，必然会对生猪的生长、饲料转化率、疾病防控等方面带来不利的影响，商品猪肠道健康问题也日益凸显。

广东省农业科学院动物科学研究所等单位研发了商品猪优质高效绿色无抗饲料配制技术及不同体重阶段商品猪精准营养技术。该技术优化饲料原料预处理和饲料加工工艺，建立商品猪优质高效绿色无抗饲料制备技术，同时建立了一套不同体重阶段商品猪精准营养技术。

12.2 技术创新

（1）优化饲料原料预处理和饲料加工工艺。该技术以益生菌、植物提取物、酸化剂、酶制剂、发酵饲料等为主线，优化饲料原料预处理和饲料加工工艺，建立商品猪优质高效绿色无抗饲料制备技术，集成的无抗技术方案连续三年入选农业农村部实施的饲用抗生素减量替代项目核心技术，对国家禁抗新政出台具有重要的技术支撑作用。

（2）进行分阶段饲料预算，建立阶段精准营养技术。通过构建生长-采食曲线进行分阶段饲料预算，建立一套不同体重阶段商品猪精准营养技术，相关数据用于制定《中国猪营养需要量》国家标准，该成果在广西永新畜牧集团应用示范取得良好效果。

技术产品　　　　　　　　　　　　　　　　产品证书

12.3 行业与市场分析

该技术分别在温氏、牧原、罗牛山、广西永新、安佑等不同规模的养殖企业和不同地域进行了推广，应用本成果技术后商品猪料重比降低0.12，出栏时间（按115kg体重折算）缩短3～5d，生产效率提高12.3%，氮磷排放降低20%，铜、锌、砷等重金属排放降低60%，取得了较好的应用效果。2018—2021年示范企业新增销售额36 440万元，新增利润8 073万元，取得了显著的经济效益和生态效益。

13. 猪流行性腹泻综合防控关键技术

13.1 技术简介

猪流行性腹泻（porcine epidemic diarrhea，PED）是由猪流行性腹泻病毒（porcine epidemic diarrhea virus，PEDV）引起的以呕吐、腹泻、食欲不振，哺乳仔猪脱水、高死亡率为主要特征的一种猪急性、高度接触性肠道传染病。PEDV变异毒株的出现使得PED在世界范围内大规模流行，给全球养猪业造成巨大威胁。2010年10月，华南地区率先暴发了由PEDV变异毒株引发的PED，随后在一年多的时间里迅速席卷全国，使得当时各地区的哺乳仔猪的死亡率高达80%～100%，给我国养猪业造成巨大的经济损失。时至今日，由PEDV变异毒株引发的PED仍是困扰我国生猪产业的一大难题。

广东省农业科学院动物卫生研究所张建峰研究员团队研发了猪流行性腹泻综合防控关键技术。该技术综合了病原和免疫球蛋白A（Immunoglobulin A，IgA）抗体的检测技术，对指导仔猪流行性腹泻综合防控具有较高的实用价值和社会效应，推广前景广阔。

13.2 技术创新

（1）评估IgA抗体。该技术研制出的猪流行性腹泻IgA抗体（PEDV Ab）ELISA试剂盒可对母猪血清及初乳进行评估，准确预判仔猪的感染风险及存活率，同时评估仔猪的IgA抗体情况并指导疫苗选用。

（2）评估PEDV基因型。该技术建立的猪流行性腹泻不同基因型熔解曲线分析方法，可用于准确评估PEDV基因型。

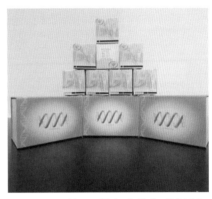

IgA水平感染与保护的临床表现（左：未感染，右：感染）　　PEDV不同基因型熔解曲线分型试剂盒

13.3 行业与市场分析

2010年以来，猪流行性腹泻变异病毒株对仔猪的致死率可达80%～100%，一旦哺乳仔猪感染发病，会产生大量的病死仔猪及带毒粪便，不仅给养殖场带来巨大的经济损失，同时对后续的动物尸体处理、防止病毒扩散及环境污染等带来巨大困难。2018—2020年，通过与养殖企业签订猪流行性腹泻综合防控关键技术横向合作协议，项目资金累计超过500万元，为企业减少经济损失超过2.4亿元。该技术方案对疫苗选用、疫苗免疫效果评估提供技术支撑，对仔猪腹泻综合防控具有直接指导作用，经评估，与同期相比减少了超过50%的因猪流行性腹泻导致的经济损失。

14. 生猪疫病快速检测技术及"防非复产"整体方案

14.1 技术简介

瑞因农牧公司与国家生猪产业体系专家团队紧密合作，针对国内生猪企业如何在非洲猪瘟疫情之后复养复产，研发了包括非洲猪瘟检测、病毒筛查、病毒阻断与风险排查、环境消杀等多维度的生物安全防护技术体系，为猪场复养复产提供了可靠的技术保障。主要包括开展非洲猪瘟快速检测，对生猪群体及场内环境进行抽检采样，并利用国际先进的检测仪器、试剂以及分析软件进行快速检测和诊断，为猪场内控外联的精准管理及时反馈信息；开展病毒筛查与核酸检测，对猪群进行非洲猪瘟病毒常规筛查与监测、疑似带病猪群快速核酸及抗体检测。在猪舍内外环境进行全覆盖无死角的病毒检测和长期环境监测，确保猪场安全防控，避免非洲猪瘟病原残留；开展病毒阻断与风险排查，通过分析猪场内和进入猪场的人、物和动物等可控及不可控因素，将不可控范围进行外部阻断，在可控范围进行风险排查，将风险因素降到最低。

此外，该研究团队还构建了"一网两库三平台四中心"的技术体系。"一网"即畜牧物联网，可从餐桌追溯到养殖场及其饲养用药日志；"两库"即国家动物核心种质资源库、精准畜牧育种数据库；"三平台"即动物克隆平台、基因编辑平台、医用动物平台；"四中心"即高通量检测中心、动物育种中心、兽医培训中心、产学研创新中心。

14.2 技术创新

（1）缩短检测时间。通过对广东市场现有的多家非洲猪瘟检测机构进行调研发现，大多检测技术存在着检测周期长、灵敏度不高、特异性欠佳、检测成本高等情况。本研究团队引进美国 Thermo Fisher 公司的 AB7500 实时荧光定量 PCR 仪，配合先进的检测试剂以及检测分析软件开展非洲猪瘟病毒检测，时间可缩至 1.5h，灵敏度可达到 2 基因拷贝 /μL，且不与猪感染的其他常见病毒产生交叉反应。

（2）利用拭子采集猪只唾液或鼻腔分泌物进行快速核酸检测。在养殖场内病毒筛查与风险排查方面，只需要利用拭子采集猪只唾液或鼻腔分泌物进行快速核酸检测。可全面覆盖非洲猪瘟病毒 24 种亚型，灵敏度高、时间短、成本低、特异性好，以便在超早期发现并剔除感染非洲猪瘟病毒的猪只。

14.3 行业与市场分析

通过对市场调研以及政府政策分析发现，市场上主要存在以下几个问题：由于市场保供稳价需求，国家对各个省份提出了生猪养殖目标，急需扩大生猪养殖量，但由于缺乏长期有效的应对非洲猪瘟疫情的手段，导致养猪企业和农户复产信心不足；非洲猪瘟病毒结构复杂，且一直在发生变异，全球范围内尚无有效抵御非洲猪瘟的疫苗上市；地方政府举步维艰，增产指标压力大，急需切实可行的生猪增产解决办法，推动实现地区生猪产业快速回暖；但地方政府动物检验、检疫机构检测量有限，无法满足养猪企业和农户大量的检测需求。该研究成果独有的三位一体生物安全防护体系以及"一网两库三平台四中心"技术体系可以较好地解决上述问题，应用前景非常广阔。

15. 优质肉羊（湖羊）快速繁殖及健康养殖技术

15.1 技术简介

2020年，全国羊肉产量492万t，羊肉消费仅占所有肉蛋类消费的2%。随着羊肉的营养价值逐渐得到广泛认可，其独特风味已深入人心。从消费数量来看，2019年我国人均羊肉消费量达到了3.76kg，并呈现逐年上涨态势。南方地区山多地少，有很多草山草坡，有利于发展草食动物养殖业。但在南方大部分地区草食动物养殖仍沿用传统、落后的生产模式，特别是养羊业存在品种单一（以黑山羊养殖为主）、产值小和养殖技术较为落后。同时由于养殖业抗生素及有害药品等滥用导致危害人体的事件屡禁不绝，不仅加大了食药市场监督等相关单位的工作压力，同时也浪费了大量的人力物力。为了在养殖环节保障畜牧产品的安全。发展健康养殖将是未来养殖业发展的必经之路。

2021年中央1号文件明确提出要发展牛羊产业，因此各地坚持在保护环境前提下发展畜牧业的原则，加大优良品种的引进力度，利用现代繁殖技术加快优质肉羊养殖业的发展。针对此类问题，韶关学院研发出优质肉羊（湖羊）快速繁殖及健康养殖技术。该技术以韶关绿丰泰畜牧有限公司为平台，通过选择并引进适合广东北部地区气候的湖羊等肉羊优良品种，采用人工授精等技术进行扩繁。湖羊作为我国优良的肉羊品种，具有生长速度快、肉质鲜美、屠宰率高和多胎率高的特性，可以使国内肉蛋类消费中以猪、鸡为主的产业结构得到优化。

15.2 技术创新

（1）成功引进肉羊优良品种——湖羊。绵羊大规模养殖在南方可谓是空白，传统观念认为绵羊不适应华南地区气候。本项目经过充分对比和论证，选定了生活在江浙比较炎热环境的湖羊作为引种对象，引种后对湖羊进行细致的调理和观察后发现，湖羊的生长情况和生产性能和原产地并无差别，因此认定此次引种是成功的。

湖羊养殖

（2）现代生物技术的集成促进了肉羊业的良性、快速发展。在不断提高现代繁殖技术效率的基础上，结合中草药和饲料发酵技术，重点解决了制约养羊业快速发展的如品种优化、疫病防控及安全生产等方面的问题，推动了肉羊养殖业高新技术成果产业化的发展。

15.3 行业与市场分析

本技术的顺利实施将有效整合科技资源，实现牧草资源的充分利用，采用现代生物技术实现高效率引种和扩大群体规模，可缓解市场优质羊肉短缺的状况。同时该项目采用健康养殖技术，通过"畜-沼-农（水果、牧草、药材）"生态循环模式将进一步促进生态环境的改善，真正实现低碳发展，在为农民增加收入的同时也会提高居民整体的生活品质。不仅能形成健康安全的羊肉市场环境，还能为乡村振兴提供优质产业的选择。

羊肉价格居高不下，特别是湖羊的价格都在40元/kg左右，冬季能达到60元/kg左右；种羊价格为每头5 000～10 000元。如果优质肉用湖羊纯种母羊数量达到500只，通过人工授精和胚胎移植在1年内就可达到2 000只，按每只羊产肉50kg计算，产值可达到400万元。出售羔羊和精液产值可达100万元。随着规模的进一步扩大，经济效益也会随之增大，该项目的顺利实施将对华南地区畜牧业的发展产生积极的作用。

16. 家蚕重大病害检疫与防控关键技术的创制及应用技术

16.1 技术简介

家蚕微粒子病是养蚕生产上一种毁灭性的传染性疫病，也是各养蚕国家蚕种贸易中唯一列为口岸检疫的病害，被列入我国入境动物二类传染病、寄生虫病，且至今仍是困扰蚕种生产的重要病害。近年来各地蚕种超毒淘汰的比例呈逐年增加的趋势，每年因微粒子病危害的经济损失巨大。因此，建立便利高效的家蚕病害检疫与防控新技术已成为我国蚕桑生产亟待解决的关键问题。华南农业大学刘吉平研发出家蚕重大病害检疫与防控关键技术。该技术通过近十年的攻关及系统研究，取得了相应发明成果。

16.2 技术创新

（1）创建了家蚕微粒子病高效快速检测方法和试剂盒7套。该技术突破了对家蚕微粒子病典型病原微孢子虫（Nosema bombycis，简称N.b）及多种微孢子虫混合感染进行精准筛查的技术瓶颈，为提高家蚕微粒子病净化效率提供技术保障，同时推动我国家蚕微粒子病检测防控体系技术创新，达到国际新高度。创建了特异、快速、敏感、适用于早期预知检查和蚕种检疫的N.b PCR检测技术6套及环介导恒温扩增技术（LAMP）1套，并组合集成家蚕微粒子病现场快速检测技术体系，可实现对N.b的快速诊断和蚕种安全监控，有效解决单一病原和多病原混合感染的漏检、误检、慢检等难题；比常规的方法工效提高24 ~ 42倍，灵敏度提高10 ~ 1 000倍。

（2）设计研制了多功能数码液晶显微镜2套。该技术结合了普通、体视及荧光显微镜的特点，应用于蚕种检验检疫，可实现快速、直观、简便地区分家蚕病原微孢子虫和其他类似物等，改革了传统的蚕种镜检方式，率先实现了家蚕微粒子病检验检疫设备的更新换代，降低劳动强度3倍，提高工作效率2倍，蚕种质量和种质水平提高10%以上。

（3）解决了家蚕微粒子病系统防控技术难题。该技术创建了家蚕养殖环境的气体浓度及生理指标的综合检测系统和养殖环境气体消毒新技术。通过检测蚕房氨气浓度作为预测预报及鉴定家蚕疫病发生的参考指标，结合在养殖环境中配套使用高效、安全、广谱、无毒副作用的蚕用气体消毒剂二氧化氯，可有效系统地控制养蚕环境中的病原微生物浓度和种类，实现家蚕疫病预警及养殖环境消毒配套相结合。

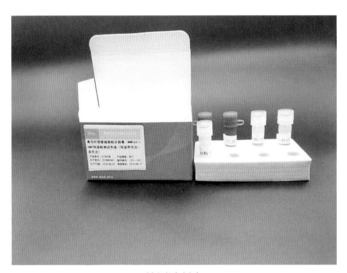
检测试剂盒

技术所获证书

16.3 行业与市场分析

该技术创建了家蚕重大病害检疫与防控的集成技术方案，已在广东、广西、湖南、海南、山东、湖北等省份主要养蚕区推广应用，近五年累计创造经济效益16 082.96万元。本项目为推进集约、高效、健康地养蚕提供了一套新型、实用的现代家蚕微粒子病检测与防控技术体系，有效解决了家蚕微粒子病频发、蚕种不安全等问题，为我国健康优质蚕种、商品小蚕及优质蚕茧的生产提供了技术支撑，市场应用前景广阔。

17. 桑蚕重大疫病检测及防控集成技术

17.1 技术简介

该技术成果以桑蚕微粒子病和病毒病等重要疫病的病原检测与防控技术集成创新及应用为主要内容，涵括了家蚕微粒子病特异型及通用型环介导等温扩增（LAMP）检测技术；疫病病原微孢子虫DNA快速提取技术；家蚕质型多角体病毒（BmCPV）RT-PCR及LAMP检测技术；家蚕浓核病毒（BmDNV）检测技术；白僵菌病原快速分离技术；多功能一体化数码显微镜等八项关键技术，并集成以上检测技术分别生产检测试剂盒以及显微镜产品进行示范和推广应用，实现对蚕业生产重大传染性疫病的快速诊断及有效防控。该成果分别获广东省科学技术进步奖三等奖以及广东省农业技术推广奖二等奖等奖项，同时还获授权国家发明专利10余项，计算机软件著作权登记1项。

17.2 技术创新

（1）开发出家蚕病原诊断试剂盒。该技术研制的家蚕病原诊断试剂盒比传统镜检法的检测灵敏度提高10 ~ 1 000倍。该系列检测创新技术和产品在稳定度、灵敏度、特异性、客观性及标准性等方面均有显著的优势，极大地提高了家蚕病原的检测水平，其中微粒子病的检测技术已达到国际先进水平。诊断试剂盒对仪器设备要求不高，适合生产一线及现场小量样本的检测使用。经示范推广后，蚕种超毒淘汰率降低至0.5%以下，增收蚕种5% ~ 20%；示范区家蚕病毒病发生率由原来的10%以上降至2%以下，单张蚕种产茧量增产11% ~ 15%，亩桑产茧量约增产10%。

（2）开发了白僵病病原菌的快速分离技术。该技术操作简单、快速、成本低，适用样品很广泛，且对环境安全，在蚕桑生产单位应用后效果明显。

（3）发明了多功能一体化的数码显微镜。该显微镜同时具备普通生物光学显微镜、体视显微镜和荧光显微镜的功能，为桑蚕等动物各类疫病的现场检测和即时诊断提供了

技术所获证书

技术支持，不但工作效率提高了，镜检效率和准确性也得到大幅度提升，使蚕种质量和种质水平提高约10%。

17.3　行业与市场分析

该技术成果在广东多家蚕桑龙头企业及其下属要单位生产基地进行了示范和推广，覆盖了茂名、湛江、韶关、清远、云浮等广东大部分养蚕区，同时还在广西、湖南、海南等地辐射推广超过100万亩。通过应用该技术成果，三年累计挽回蚕种经济损失超过1 500万元，新增蚕茧产值超过1亿元。

该技术成果适用于国内外超过70个国家和地区开展桑蚕生产的疫病诊断和防控全过程。此外，家蚕微孢子虫LAMP检测试剂盒同样适用于相关经济昆虫如柞蚕、蜜蜂等微粒子病的直接检测应用；BmCPV的RT-PCR检测技术和配套试剂盒及BmDNV的PCR检测技术和配套试剂盒等也适用于各类作物鳞翅目昆虫相关疫病的诊断和检测应用。该技术产品已在广东、广西、湖南、云南、吉林等各养蚕区多个蚕桑科研单位及生产单位应用，效果良好。

本项目研究的显微镜在保持原有的普通显微镜、体视显微镜和荧光显微镜功能的基础上，改变了传统显微镜的观察模式，提高了镜检的准确性和工作效率，保证了蚕种质量和种质水平，并为蚕种检测管理系统的建立打下基础；该技术在相关农林牧渔业上的应用同样取得了安全稳定的生产效果，市场前景非常广阔。

18. 凡纳滨对虾中兴CT品系的分子设计育种与应用技术

18.1　技术简介

南美白对虾（*Litopenaeus Vannamei*），又名凡纳滨对虾。原种分布于中南美洲从墨西哥到智利的太平洋沿岸海域，是典型的热带性对虾。凡纳滨对虾是世界第一养殖虾类，占全球养殖对虾产量的70%。凡纳滨对虾也是我国对虾养殖的主要品种之一，占我国对虾养殖总产量的80%以上。我国每年凡纳滨对虾养殖产量超过200万t，虾苗生产量超过15 000亿尾。病害多发及优质种虾的缺乏是限制对虾养殖产业健康可持续发展的主要瓶颈，通过科学的遗传改良和良种选育方法培育优质种虾是保障凡纳滨对虾产业健康可持续发展的有效方法。

中山大学研发了凡纳滨对虾中兴CT品系的分子设计育种与应用技术，利用分子生物学和系统生物学关于基因功能和生物性状的分子调控网络知识，设计和改良动物品种。该技术通过解析凡纳滨对虾先天免疫调控机制，从对虾免疫机制的关键基因中进行分子标记，解析分子标记对基因表达和生物性状的调控机制，再以此分子标记为核心进行育种设计，从而定向改良对虾生物性状。

18.2 技术创新

（1）解析对虾抗病毒途径及开发分子标记。该技术从节肢动物中克隆了第一个IRF同源基因凡纳滨对虾IRF（LvIRF），并在LvIRF的5′非翻译区（5′ UTR区）鉴定到了一个以碱基对（CT）为重复基元的SSR分子标记（LvIRF-SSR），其多态性能够直接影响LvIRF基因的表达，并且与对虾抗白斑综合征病毒（WSSV）性状相关联。

（2）开发LvIRF-SSR标记进行设计育种。该技术使用LvIRF-SSR分子标记进行凡纳滨对虾设计育种，从多个群体中挑选个体进行基因分型，筛选含有目标等位基因的个体进行杂交获得F1代；对F1代进行个体分型，挑选纯合子个体进行纯合群体的选育，获得了F2代和F3代。对F1代和F2代群体进行抗病毒性状测试，相较于其他家系，利用LvIRF-SSR分子标记设计育种获得的F1和F2代群体抗WSSV性状更加显著，感染WSSV 96h后的死亡率下降约30%，且在F2代群体中发现其抗十足目虹彩病毒（DIV1）性状也更为显著。

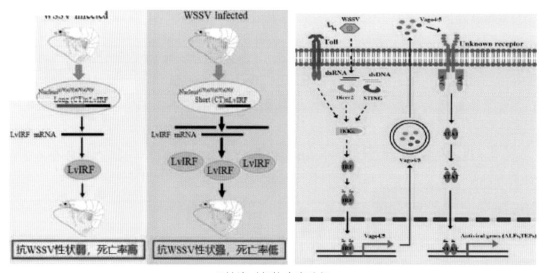

凡纳滨对虾抗病毒途径

18.3 行业与市场分析

广东是我国对虾养殖第一大省，是对虾种苗、饲料、加工生产基地，对虾养殖年总产值超过200亿元。然而，目前凡纳滨对虾养殖出现病害频发、抗逆性弱、规格不均等问题，国内已培育的9个新品种均没有解决上述问题，主要原因是种质单一，品种退化。凡纳滨对虾不属于我国本土品种，良种需依赖进口，据统计2015年我国凡纳滨对虾种虾进口数量达到了65万尾，并且逐年递增。

我国作为世界上最大的种虾需求国之一，却不具备种虾定价权，致使种虾进口价格不断上涨。以美国SIS公司的种虾为例，2007年SIS种虾为35美元/尾，2016年为55美元/尾，价格涨幅超过50%。以每年进口60万尾计算，2016年需外汇3 300万美元。根据全国对虾养殖市场推算，中国每年需要100万对亲本虾。因此，我国亟须加强遗传育种中心建设，注重基础性育种工作，积极开展更为先进的分子设计育种工作，对培育具有自主知识产权的优良品种意义重大，市场前景广阔。

19. 凡纳滨对虾抗逆育种的创新发展技术

19.1 技术简介

凡纳滨对虾原种分布于中南美洲自然水温20℃以上的狭窄热带海域，而我国95%以上凡纳滨对虾养殖区域分布在冬季水温20℃以下的亚热带水域和温带水域，升温育苗和养殖的能源消耗是该行业最大的成本支出。在我国，不同地域的凡纳滨对虾养殖环境差异较大，海水和淡水温度、盐度等水质因子的巨大变化导致凡纳滨对虾多数品种难以适应，这些往往成为决定凡纳滨对虾养殖成败的关键。现如今我国已自主培育了凡纳滨对虾中科1号、科海1号、中兴1号、桂海1号、壬海1号、广泰1号和海兴农2号等多个国审新品种，同时我国也不断引进SIS、正大、科拿湾、普瑞莫等国外公司的亲本生产虾苗以满足市场需求，这些品种大多生长速度和养殖单产方面效果更好，但仍不能满足我国在全球气候变化下养殖环境不断改变、养殖模式日益多样化的需求，抗逆良种选育已成为整个行业的"卡脖子"难题。

中国科学院南海海洋研究所胡超群研究员团队研发了凡纳滨对虾抗逆育种的创新发展技术。该技术解决了凡纳滨对虾抗逆性状分子标记难题，创制耐低盐（TR）和耐低温（SR）新种质，研发了品系杂交育种新技术，培育出凡纳滨对虾抗逆新品种，为我国对虾种业做出重要贡献。

19.2 技术创新

（1）抗逆性状分子标记的发现及基因定位。解决了凡纳滨对虾抗逆性状的分子标记缺乏的难题，第一次获得了SNP标记在功能基因的准确定位，加快了抗逆选择育种进程，实现了分子标记辅助育种在对虾抗逆育种中的应用。

（2）耐低温和耐低盐抗逆新种质的创制。解决了凡纳滨对虾抗逆新种质创制"卡脖子"难题，创制了专门化的凡纳滨对虾耐低温和耐低盐品系，实现品系杂交育种。

（3）凡纳滨对虾抗逆新品种的创制。解决了对虾种业的抗逆新品种育种的"卡脖子"难题，培育出具有耐低温、耐低盐抗逆优势，兼具生产性能优势的凡纳滨对虾正金阳1号抗逆新品种，实现产业化应用。该品种虾苗较普通虾苗低温应激成活率提高20%以上，养殖成活率提高16%以上；耐低盐应激成活率提高15%以上，整齐度和单产提高10%以上。适合在我国广大海水、咸淡水和淡水养殖区域养殖。

技术所获证书

19.3 行业与市场分析

随着人们生活水平的提高，我国凡纳滨对虾的消费量持续上升。2020年我国养殖总产量高达215万t以上，但仍然不能满足消费需求，需要从国外大量进口。广东是我国最大的凡纳滨对虾种业基地，生产的凡纳滨对虾虾苗占全国总产量的30%，同时还要满足我国福建以北绝大部分沿海省份的幼体供给，全国60%以上的凡纳滨对虾虾苗的幼体源自广东。因此，广东凡纳滨对虾种业的发展，关系着全国凡纳滨对虾产业的兴衰。

本技术培育出的凡纳滨对虾抗逆新品种正金阳1号具有耐低温和耐低盐两大显著抗逆优势，同时兼具生长速度快的优势，适应于各种海水、淡水、咸淡水和盐碱水域养殖，在养殖生产中表现出成活率高、生长快和能养出大规格对虾的显著特点。2016—2020年已推广养殖67万多亩，实现产值110多亿元，并在主产区之一的茂名市电白区形成广东省名特优新农产品区域公用品牌"电白南美白对虾"，推广空间巨大。

20. 大口黑鲈优鲈3号新品种及推广利用技术

20.1 技术简介

大口黑鲈，俗名加州鲈，原产于北美的淡水湖泊和河流，具有肉质鲜美、无肌间刺、生长速度快、适应性强，易起捕等优点。1983年从台湾地区引入大陆，2020年全国大口黑鲈产量约为62万t，产值约200亿元，其中广东省养殖产量约占全国的60%，苗种产量约占70%，是我国大宗特色淡水养殖经济鱼类。由于养殖大口黑鲈主要采用冰鲜幼杂鱼投喂，且人工配合饲料替代冰鲜幼杂鱼养殖过程中，驯化摄食配合饲料周期长和驯食成功率低，生长缓慢、饵料转化效率低，从而制约了产业转型升级和绿色发展。

中国水产科学研究院珠江水产研究所研发了大口黑鲈优鲈3号新品种。优鲈3号的培育实现了大口黑鲈良种的更新换代，实现了配合饲料完全替代冰鲜杂鱼养殖模式的转型升级，进而促进了大口黑鲈养殖业由沿海地区向内陆地区的推广。

20.2 技术创新

（1）完成国内大口黑鲈分类地位及种质鉴定技术。该技术首次鉴定出我国养殖的大口黑鲈属北方亚种，其遗传多样性比原产地野生群体降低了39%，据此从原产地美国重新引进了北方亚种和佛罗里达亚种，建立了种质鉴定技术。

（2）发掘出大口黑鲈生长和驯食性状相关分子标记。该技术构建了首张大口黑鲈高密度遗传连锁图谱，定位了与生长性状相关的QTL位点32个以及与性别决定相关的QTL位点13个，筛选和验证了一批与大口黑鲈生长和驯食性状相关的基因，发掘出30个与大口黑鲈生长和驯食性状相关的基因标记，阐明了生长和驯食性状的遗传基础。

（3）创建大口黑鲈多基因聚合育种技术。该技术创建了大口黑鲈生长性状相关基因标记的聚合育种技术，突破生长慢和出苗率低的技术瓶颈，以摄食人工配合饲料条件下的易驯食和生长性能为目标性状，在优鲈1号基础上融入北方亚种的新引进种质，经连续4代选育获得饲料利用能力强的新品种优鲈3号，在全程人工饲料养殖条件下，驯食成功率提高了30.6%。

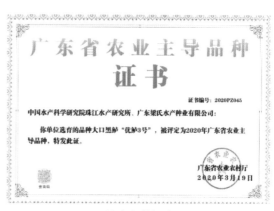
技术所获证书

20.3 行业与市场分析

大口黑鲈优鲈3号的推广养殖带动了农业增产增收，先后被列为农业农村部和广东、江苏、浙江、天津、四川、宁夏、重庆等省份的主推品种，助推渔业结构调整和转型升级。近3年累计推广大口黑鲈优鲈3号苗种120亿尾，推广养殖面积10万亩以上，与普通苗种相比，优鲈3号上市时间普遍提前15d以上，平均亩产提高20%以上，经济效益显著，深受养殖户欢迎，市场前景良好。

21.加州鲈功能性复合预混合饲料及配合饲料的开发技术

21.1 技术简介

加州鲈的苗种培育、标粗和成鱼养殖一般采用冰鲜鱼作为饵料，特别在苗种标粗阶段，主要饵料就是鱼浆，这不仅会严重污染水质，导致病害高发，还会加剧苗种在标粗过程中规格差异化增加，使得大吃小的情况愈加严重，从而导致苗种的产出不高，严重制约了加州鲈养殖业的发展。因此，人工配合饲料替代冰鲜鱼是必然趋势。然而，市场上人工配合饲料并不能满足加州鲈营养需求且适口性差，导致加州鲈增长慢、料比高，摄食饲料一段时间后容易停食及引发肝脏病变、坏死。因此，加强对人工配合饲料核心料的研发及配方的优化尤为关键。

加州鲈功能性复合预混合饲料及配合饲料的开发技术是通过研究加州鲈对多种维生素与矿物元素的适宜需求量、原料剂型筛选、营养性脂肪肝发生及调控机制、诱食促长剂及肠道保护剂作用机理，以及加州鲈对不同原料利用率的研究、关键营养素需求量的研究、配方结构优化以及蛋白源替代技术的研究，开发出适于加州鲈的复合预混合饲料和配合饲料，并进行大范围应用和推广，已取得良好效果。

21.2 技术创新

（1）研究开发出新型诱食剂。该技术针对以往加州鲈人工配合饲料适口性差的问题，研究开发出新型诱食剂；对以往加州鲈人工配合饲料养殖过程中出现的肝脏病变问题进行系统研究，开发出一种保肝护胆功能性添加剂预混料。

（2）功能性物质与诱食剂有机结合。该技术首次系统性地将加州鲈所必需的维生素、矿物元素、促进肝脏脂肪代谢及健康的功能性物质和诱食剂进行有机结合，解决了以往加州鲈人工配合饲料养殖过程所存在的摄食量低、引发脂肪肝、生长速度慢等难题。

（3）开发出适合加州鲈生长和健康的人工配合饲料。通过对人工配合饲料配方优化、关键营养素需求等研究，成功开发出适合加州鲈生长和健康的人工配合饲料，并在华南、华东等地区大力推广，大大提高了加州鲈的产量和产品品质，促进了加州鲈苗种、饲料及养殖产业的健康快速发展。

技术所获证书

21.3 行业与市场分析

近年来，加州鲈养殖规模逐年扩大，一些地区把加州鲈作为调优养殖品种之一予以支持，将加州鲈养殖列为农民增收致富的重点工程。2020年全国加州鲈养殖产量达45万t，被称为"第五大家鱼"。在高密度精养模式下，加州鲈养殖密度越来越大，而冰鲜鱼携带细菌引起的水质污染、病害爆发也日益严重，严重阻碍了加州鲈产业的可持续健康发展，这使得投喂加州鲈配合饲料的操作优势和成本优势突显。

加州鲈配合饲料的成功推广，使加州鲈成为养殖行业和各大饲料厂家关注的焦点。加州鲈配合饲料产量呈现爆发式增长，销量从2014年不到1万t上升至2020年30万t。这得益于加州鲈配合饲料的推广后内陆地区也开始广泛养殖。随着配合饲料的推广及养殖成功案例的示范带动作用，加州鲈配合饲料市场仍有较大增长空间。

22. 全雄杂交鳢雄鳢1号育种技术

22.1 技术简介

鳢（生鱼、黑鱼）是我国重要的淡水土著优质鱼类，全国年产量超过50万t。其肉质好、无肌间刺、具有生肌作用，适合术后滋补，是我国水产品消费升级的主要目标产品之一。广东省是鳢的重要产区和苗种供应地，养殖产量占全国1/3以上，供应了全国80%以上苗种，其苗种质量决定了全国鳢的养殖效益。鳢雌雄个体间具有明显性别差异，雄性个体生长速度快，是雌性的2倍以上，相同养殖密度下，全雄鱼亩产将提高20%以上，而且饲料利用率更高。而雌鱼存在生长慢、个体小、运输成活率低、加工出肉率低、饲料系数高、价格低等缺点，严重影响养殖效益。实现单养雄性将提高整体养殖效益40%以上，产业需求迫切，同时也是广大养殖户的共同期望。基于此，中国水产科学研究院珠江水产研究所牵头研发的全雄杂交鳢雄鳢1号育种技术，利用现代分子生物学和高通量测序技术，建立斑鳢遗传性别鉴定技术，并结合生殖内分泌调控，创新建立鳢性别控制技术，创制出超雄斑鳢新种质，并利用超雄斑鳢与乌鳢母本杂交，获得雄性率高、生长速度快、饲料系数低的新品种雄鳢1号。

22.2 技术创新

（1）建立鳢性别分子标记筛选技术。该技术利用生物信息学和高通量测序技术，创新建立了通用的不依赖基因组的性别标记筛选方法，可用于判定目标物种的性别决定类型，并筛选出准确的可鉴定性别的分子标记。

（2）首创鳢性别控制技术。该技术结合鳢性别分子标记和生殖内分泌调控技术，创制出YY超雄斑鳢新种质；通过调节催产温度，优化激素剂量和效应时间，解决了乌鳢、斑鳢性腺成熟不同步的难题，建立杂交鳢高效繁殖技术，实现了全雄杂交鳢苗种规模化生产。

（3）全雄鳢生产优势显著。该技术培育出的雄鳢1号雄性率达93%以上，生长速度提高25%以上，相同产量饲料成本降低8%～20%，优质大规格商品鱼比例显著提高，综合效益提高40%以上。

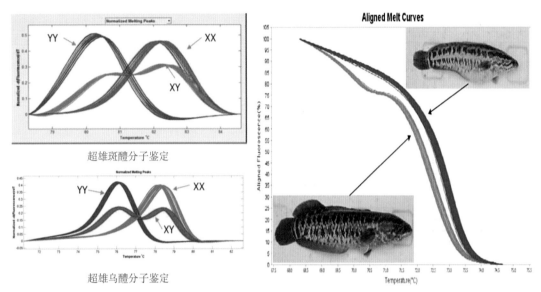

超雄斑鳢分子鉴定

超雄乌鳢分子鉴定

斑鳢的性别标记检测结果

22.3 行业与市场分析

乌鳢主产区在广东、浙江和山东，年产量达50万t，产值过百亿元。该成果培育的全雄乌斑杂交鳢是以乌鳢为母本、超雄斑鳢为父本杂交获得的，抗寒能力强、生长速度快，是全国主要产区尤其是北方产区适宜的养殖对象。全雄品种在生产中优势显著，不仅生长速度快、饲料系数低，还可大幅提高商品鱼单价，综合效益可提高40%以上，经过试养，养殖户评价很高，希望能继续获得苗种供应，苗种供不应求，市场推广前景广阔。

23.水产养殖的前端视频分析技术

23.1 技术简介

我国是世界水产养殖大国，水产养殖产量约占世界水产养殖总产量的40%。但大多数水产养殖场由于缺乏对养殖环境和养殖设施进行有效的实时监控手段，常常会因为不合理的养殖方式导致生态环境遭到破坏，从而导致产量锐减，对养殖生产造成了损失。为提高水产养殖场视频监控系统智能化程度，降低智能视频设备和传输设备费用，本项目团队科研人员在水产养殖场景下对前端化智能视频分析技术方面进行了系统深入的研究。现已将技术研究成果在水产养殖龙头企业进行了应用示范，初步实现了水产养殖安全防范与健康养殖过程监控，取得了较好的成效。

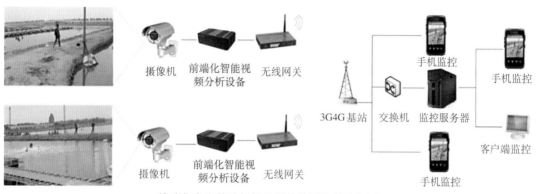

前端化水产养殖智能视频监控系统总体框图

23.2 技术创新

（1）系统集成了多方面的专利成果。该技术提出一种基于视频图像特征的增氧机工作状态检测方法并获得发明专利授权；提出了一种改进的自适应混合高斯前景检测方法和一种基于跟踪的复杂场景下的运动目标检测方法，均获得发明专利授权；提出了一种基于稀疏表示的选择集成人脸识别方法并获得发明专利授权；研发了水产养殖前端化智能视频分析系统，获取软件著作权。

（2）研制出水产养殖监控的前端化智能视频分析设备与软件。本技术在研究了深度学习方法、行为识别方法和人脸识别技术基础上，对鱼塘养殖设备的工作状态进行自动识别，研制出水产养殖监控的前端化智能视频分析设备，并开发出移动智能监控应用软件，构建了前端化、移动化水产养殖智能视频监控系统。

技术所获证书

（3）降低技术成本。本技术在水产养殖龙头企业进行应用示范，解决了大面积水产养殖环境下高清视频传输与硬件部署成本高的难题，提高了水产养殖安全监控水平。

23.3 行业与市场分析

科学的水产养殖监督与管理既是养殖企业、养殖户增产增收的关键所在，也是水产品安全管理与监督体系中非常关键的源头环节，其管理情况直接关系到水产品的质量和对整个水产品安全管理与监督体系的有效性。加强对水产养殖场景的监督与管理，不但能够规范水产养殖的日常管理，还可以进一步保证水产品养殖品质，提高水产品附加值，加强水产养殖产品在销售市场的竞争力。

第三章 加工技术

1. 闭环除湿热泵干燥技术

1.1 技术简介

干燥是保障所有农产品运输、储存和销售的有效手段，也是部分农产品必须采用的初加工工艺。而干燥需要消耗大量的能源，传统油、气、电、煤、柴等热源烘干成本高、污染大且干燥后的农产品品质下降，现代农业急需节能环保、保障农产品品质的干燥技术。

2013年农业部规划设计院与广东威而信实业有限公司（简称威而信公司）联合研究，提出全新的干燥理念，技术研发成功后将其命名为"闭环除湿"干燥技术，有别于传统的"开环排湿"。短短几年时间，威而信公司将此技术不断完善并将其产业化，开辟了一个全新的行业——闭环除湿热泵干燥机行业，该行业的国家标准于2019年颁布。闭环除湿热泵干燥技术根据制冷剂的卡诺循环原理，通过冷凝脱水技术维持农产品干燥后的产品品质，并可实现100%的能量回收。该技术适用于各种农产品的干燥加工，最大限度地保留农产品品质，零添加零排放，节能环保全自动，用电量只需要传统电烘干的10%～20%，且不受环境温度和湿度的影响。闭环除湿热泵干燥技术一经问世，即获得了专家和市场的一致认可，并迅速得到推广和应用，深受广大用户好评。

由于农产品上市具有极强的季节性，使得烘干设备的利用效率较低（平均一年使用时间为两个月左右），而市场上的烘干设备基本上是固定式，厂房和设备长期闲置，反而容易出现机器故障。为此，威而信公司创新推出万能移动式闭环除湿热泵干燥系统，实现了烘干设备的标准化、通用化、网络化、移动化，为干燥设备的租赁和共享扫除了障碍，使得农户可以以最小的成本使用最先进的干燥设备，而且不需要固定投资，不需要固定厂房，亦不需要维护保养。

据不完全统计，我国每年因干燥不及时或不合格导致损失的农产品超过20%。如果采用移动式万能热泵干燥设备对农产品进行干燥，每年减少损失的农产品可以养活3亿人，而且其干燥后的农产品的卫生情况良好，营养物质含量、适口性也会大大提高。

闭环除湿热泵干燥机

1.2 技术创新

闭环除湿热泵干燥技术的主要优势：

（1）效率高。能量完全回收，一度电可干燥5 ~ 10kg农产品。

（2）不受环境影响。采用闭环干燥系统，性能不受地理、环境影响。

（3）高品质干燥。采用中低温除湿干燥，有效成分流失少。

（4）洁净卫生。密闭空间不受外界污染，符合各类食品卫生要求。

针对热泵干燥难于广泛应用的瓶颈，威而信闭环除湿热泵干燥机的创新在于：

（1）针对缺乏标准通用性差的问题，创新性地制定了通用性的标准设备。解决了制造、安装、维护成本高，需重复采购的问题。

（2）针对固定式安装无法移动的问题，创新性地制备了可移动设备。解决了由于农产品生产的季节性，造成大量烘干设备在户外闲置、受潮出现腐蚀等损坏的情况。

（3）针对设备造价高，缺乏维护保修能力的问题创新性地将设备租赁化。解决了设备无维护保修技术的问题。

技术所获证书

1.3 行业与市场分析

农产品的干燥加工是最常见的初加工环节，几乎大多数农产品都需要经过干燥加工，且由于农产品的产量巨大、季节性强，对干燥设备的需求量巨大，截至2020年，中国农产品干燥设备的保有量超过1亿台。但绝大部分都是采用"油气电煤柴"的落后干燥设备，能耗高、产品品质低、劳动强度大、场地浪费大。因此市场急需节能环保的现代化干燥设备。

2018年闭环除湿热泵干燥技术开始推广，虽然市场反应非常好，但目前在农产品干燥行业占的比例还不到0.1%，此技术和产品现在还处于市场的导入期，经过威而信公司7年的宣传推广，已经得到了政府、专家和市场认可。威而信公司也参与制定了5项国家标准。2020年威而信公司的闭环除湿热泵干燥机技术已经非常成熟，进入批量生产阶段，产品系列化程度大幅提高（已有定型产品50多个），具备了全面推广的条件。随着此项技术和设备的推广，将为我国每年减少几亿吨的标准煤消耗，减少几亿吨二氧化碳排放，对节能环保事业具有重大意义。由于采用了闭环除湿热泵烘干技术，农产品的品质大大提高，每年能为农民增加数以亿计的收入。如果设立烘干加工和设备租赁中心，提高设备的利用率，农户采购烘干设备的数量就可以减少80%～90%，大幅减少设备投入，还可节省建造场地或厂房的投入。通过互联网大数据实现烘干设备的高效率调剂，可以最大限度地减少农产品的腐烂变质，每年减少农产品损耗上亿吨，价值几千亿元。通过设立干燥中心或提供设备租赁，可以将大量农产品残次品或过度成熟的果品变为干果等农副产品，这也能为农户每年创造几百亿元的收入。因此，推广闭环除湿热泵干燥技术，并以万能移动式热泵干燥系统建设覆盖乡镇的干燥加工和设备租赁中心，是一项对农业、农村和农民具有重大意义的事业！

2. 瓜果智能削皮技术

2.1 技术简介

我国种植的瓜果蔬菜一般是以南瓜、菠萝、苹果、橙子、柚子、土豆、大枣、大豆等外观类球形的果蔬为主，有100多个品种。这些果蔬在农产品加工企业加工过程中，瓜果加工可称为"138"，加工线现状为"三缺一"。"138"指的是，100多种瓜果通过3段线（前处理—中间制造—杀菌包装）生产8类产品（果汁、果干、果脯、罐头、腌菜、发酵品、速冻丁、果鲜切）。而8类产品中有7类是固态形式不能用压榨方式加工，而保固态去皮/去籽/去核（简称"三去"）技术一直是全球公认的难点，因此瓜果加工生产线的前处理阶段长期处于空白，即"三缺一"。且一批鲜果中约三成为卖相较差的丑果，由于其形状怪异导致加工效率较低，直接销售又难以售出，丢弃也十分可惜。因此，急需一种智能化瓜果削皮技术弥补前处理加工的空白。

多年来，达桥公司以华南理工大学为技术依托，紧抓瓜果削皮技术及前处理加工装备的研发，经过无数次试验和改进，终于成功研发机电一体化水果分解加工系统及产品综合开发技术，同时研制出达桥智能削皮机及前处理配套设备，为瓜果机械化加工全线贯通奠定了基础，该设备荣登2018年度中国去皮机行业十大品牌第1名。目前已获专利46项，单机和整线销售全球近30个国家，共300多家用户。

2.2 技术创新

（1）兼容性强。4台机器能解决80多种类球形果蔬的"三去"操作。其中一台切片机能兼容80多种果蔬，一台分离机能兼容13种果蔬，果粒通过分离机后能无损分离。

（2）自动化水平高。一台削皮机功能包含削皮、去芯、切瓣、护色等程序，自动化程度高。

（3）信息化程度高。配置了远程控制系统，即便销往海外，用户也可以利用手机与厂家联系，通过网络接受远程培训和操作指导。

（4）稳定性高。设备的稳定性高、故障率低、易损件少。

技术所获证书

2.3 行业与市场分析

2015年教育部科技情报站查新证实"国外未见同类产品"，世界上有100多种瓜果类植物，每年收成超过20亿t，使用本设备可以处理八大类瓜果产品，2016年该项目技术通过了中国工程院孙宝国院士为组长的省级评审组的鉴定。随着消费者对食品安全、卫生、营养、健康、方便等要求的提升，以及互联网、冷链、快递的普及，瓜果加工行业必将快速发展，市场前景广阔。

3.豆酸奶产业化集成技术

3.1 技术简介

随着大健康产业的快速发展，植物基已成为一种世界潮流，植物酸奶在国内市场刚刚起步，未来将呈现爆发式增长。该项目的大豆酸奶是采用华南农业大学食品学院自主开发的豆酸奶适制性发酵剂，结合现代生物工程技术，以北大荒非转基因大豆为主要原料，制作的一款风味独特的双蛋白奶。华南农业大学食品发酵工程团队提出豆酸奶适制性发酵剂的概念，近年来通过反复筛选获得发酵豆乳的专用乳酸菌菌株，采用高密度发酵和冷冻干燥保活技术制作直投型"豆酸奶适制性发酵剂"。采用这种发酵剂发酵豆乳（或复合豆乳）具有良好的风味，并能释放大豆营养和提高豆酸奶的功能特性。

3.2 技术创新

该项目的豆酸奶适制性发酵剂生产技术集成度高，具有较高的技术壁垒，且均具有自主知识产权，发酵剂的活力与美国杜邦酸奶发酵剂相当，该技术已达到国际先进水平。2020年底已申报国家发明专利6项，获得授权专利3项，其中一项专利入选高价值专利（同领域全球排名第三）。

生产场地

豆酸奶产品

3.3 行业与市场分析

豆酸奶适制性发酵剂已经在广州市微生物研究所完成中试生产。中试产品豆酸奶分别在2019年华南农业大学校庆日和首届"粤港澳大湾区"农业科技交易大会上进行市场调查，结果显示超过70%的人群喜欢该产品，90%有购买意愿，深受大众欢迎。

4. 低盐半干型淡水鱼干周年制作技术

4.1 技术简介

鱼干是我国传统水产加工干制品，因其独特的风味和耐贮藏性而广受青睐，但传统鱼干产品由于水分含量过低会导致质地过硬、食用易损伤消化道黏膜等问题。

半干型鱼干是近年来在传统鱼干基础上兴起的一种新型鱼干产品，水分含量一般大于40％，口感风味俱佳。但由于水分含量偏高，在贮藏过程中容易受微生物、酶等因素的影响，导致鱼体内蛋白质和脂质发生水解和氧化，特别是其中的含氮类化合物容易分解生成许多对人体有害的胺类产物而导致鱼干逐步腐败变质。半干型鱼干的制备对温度、湿度和光照等要求较高，一般只能在湿度和温度较低的秋冬时节才能生产，属于季节性水产加工产品。

广东省农业科学院水产品加工团队经过多年研究，模拟淡水鱼干自然干燥气候条件，研发了专用鱼干低温热泵干燥设备，构建了低盐半干型淡水鱼干制作技术体系，生产的产品品质特性可比肩甚至优于传统产品，且可周年生产满足市场需求。

具体技术工艺如下：

【前处理】将淡水鱼去鳞、内脏、头和尾，将鱼肉交错斩切成规则的长条状。

【快速腌制】将斩切好的长条形鱼块置于腌制缸，加入食盐、酱油等调味料进行腌制，腌制过程中辅以超声波处理以便加快腌制进度。

【多段式变温干燥】采用淡水鱼干专用低温热泵干燥设备，调控设备腔体内温度与湿度，同时采用多段式、变温干燥技术以提高产品的品质和风味。

【包装贮藏】将符合产品质量要求的半干型鱼干进行真空包装，低温保藏。

4.2 技术创新

已进行了多批次规模化生产，该鱼干专用低温干燥设备已经定型，并形成配套设备，技术完善而成熟，开发类型多样的产品如原味鱼干、调味鱼干等，品质比传统产品更好。

技术所获证书

4.3 行业与市场分析

因地理位置、气候条件和饮食习惯的差异，不同地区的传统鱼干加工工艺略有不同，各具风味，但均为季节性产品，无法规模化周年生产和供应市场。2017年我国鱼干（腌）制品年产量达到168万t，居水产品加工总量的第二位，其中半干型鱼干产品不足5％，因而市场增长空间大。近年来随着中央厨房、预制食品等概念以及快餐食品的兴起，对半干型鱼干原料需求旺盛。平衡产品原料价格和成本，可以规模化生产半干型鱼干替代鲜鱼供应市场，具有较好的经济效益和社会效益。

5. 荔枝全流程深加工技术

5.1 技术简介

广东荔枝种植面积近500万亩，占全球种植面积一半以上。但荔枝收成有大小年之分，小年收成少、价格高；大年收成虽高但成熟期短，导致鲜果价格低廉，部分品质较差的品种甚至烂在树上都无人问津。荔枝果园大多在丘陵地带，管理、采摘、运输成本较高，荔枝贮运保鲜及深加工技术不足，导致很多荔枝果园被迫荒废，大量有价值的荔枝古树也遭到砍伐，造成极大的浪费。

历经国内外多次调研后，广东祯州集团提出了我国荔枝产业可以借鉴法国葡萄产业的经验，将荔枝酿造成美酒，将荔枝文化与酒文化相结合，利用社交圈向全球推广，并以此为突破口，在未来开发更多荔枝深加工产品。项目团队以华南理工大学等科研机构为技术依托，合作研发了水果全流程深加工技术，并在2015年荣获广东科学技术一等奖。经过拣选、冲洗、脱壳、榨汁、发酵和陈酿等工序，荔枝从鲜果变成为果酒、果醋等酿造产品，附加值可增加10倍以上。

5.2 技术创新

本技术攻克了以下五个方面的难题：

（1）采用机械化软挤压荔枝剥壳去核技术，整果剥壳率高达95%，核破碎率小于3%，与人工方法相比效率提高近30倍，解决了以往机械化榨汁引起的果汁苦味重、品质低的难题。

（2）采用超声协同养晶果汁冷冻浓缩技术，避免了高浓度果汁后期浓缩晶体生长缓慢、冰晶夹带严重的问题，有效解决了热敏果汁浓缩过程中风味及营养保存的难题。

（3）针对水果热敏性强及香气不稳定的缺陷，发明了12～15℃下长时间超低温发酵工艺，加工产品口感细腻、果香持久优雅。

（4）围绕荔枝果汁单宁少、口感薄及不耐储存的特点，发明了带壳浸色强化浸提技术，将荔枝壳花青素等浸提到酒中，增强了酒的饱满度及储存性能。

（5）发明了果酒安全化与电磁场强化缔合陈

技术所获证书

酿系列技术，解决了陈酿时间长的难题。降低了"生、冲、爆、辣"等邪杂味，酒味变得绵软适口，醇和甘润。

5.3 行业与市场分析

由于生产能力不足等问题，荔枝果醋和荔枝酒是目前市场上比较稀缺的产品，当前世界上仅有的几家生产厂家都集中在广东省内，可以说广东省具有良好的条件发展荔枝加工产业。国内市场上销售的果酒、果醋产品品质良莠不齐，很多生产厂家为了牟取利润，大多数采取勾兑方式生产，尤其是果醋发酵产品中果汁含量极低。祯州集团多年来与高校科研机构紧密合作，耗费巨资研发了荔枝全流程酿酒、酿醋的生产技术和工艺。2013年先期上市的荔枝果醋通过将荔枝清汁采用"生物三步发酵法"进行精心酿造，不添加防腐剂和人工色素，是深受老少欢迎的天然健康类饮品，远销十几个国家和地区，市场接受度很高。

近几年来陆续推出的低度果酒和高度蒸馏酒充分保留了荔枝优雅的香气和水果酒不上头的特性，并在2019年荣获了国际葡萄酒（中国）大赛奖（IWGC）金奖。

6. 现代陈皮标准化加工集成技术

6.1 技术简介

陈皮来源于广东特色柑橘品种——茶枝柑的果皮，传统的陈皮主要依赖手工加工，受气候等因素的影响，存在着霉变、品质不稳定以及农药残留等问题。此外，由于手工剥皮的茶枝柑果肉收集保存困难，加上风味口感欠佳而被直接废弃，不但浪费资源，同时也给环境造成较大的污染。

广东省农业科学院果蔬加工团队长期锚定健康产业发展热点和行业"痛点"，着力攻关果蔬加工领域中存在的"卡脖子"难题。基于对陈皮加工、陈化过程中活性成分变化规律、陈化机理及调控等科学问题的系统研究，项目团队发明了现代陈皮标准化加工集成技术，并在2015年获得了广东省科学技术奖二等奖，2017年获得广东省农业技术推广奖一等奖。

技术所获证书

6.2 技术创新

本集成技术主要包括四个方面的内容：

（1）茶枝柑自动化清洗和高效分解技术。研发了茶枝柑"果皮—果肉—果籽—果渣"高效分解加工技术及设备。采用传统"三刀法"机械开皮，使其适宜于后续的陈皮加工工序；采用无苦味取汁设备进行榨汁，保证后续果汁加工的口感和风味；采用果肉残渣和果籽高效分离设备，得到的果渣和果籽可用于后续的副产物综合利用。

（2）陈皮标准化加工和贮藏技术。创新性地建立了纳米鼓泡清洗、热风（泵）干燥、精准控温控湿陈化、基于 i-OID 二维码的全程追溯等技术，缩短了陈皮加工时间且提升了陈皮产品的品质。

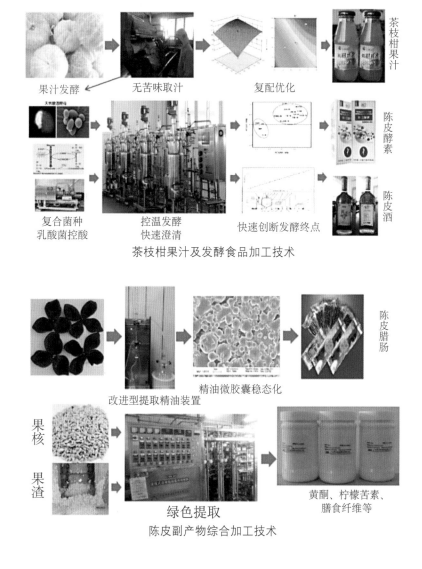

茶枝柑果汁及发酵食品加工技术

陈皮副产物综合加工技术

（3）茶枝柑果汁及其发酵饮料加工技术。率先研发了以茶枝柑果肉为原料的果汁、果酒、果醋以及陈皮酵素加工技术，解决了长期以来茶枝柑"只取果皮不用果肉"的资源浪费问题。同时还构建了3种高效节能的果汁浓缩技术模型。

（4）陈皮副产物活性物质绿色提取和制备技术。运用现代前沿技术优化了橘籽中黄酮及柠檬苦素类物质的提取工艺，具有操作简便、高效节能、成本低廉等特点。

现代陈皮标准化加工集成技术摒弃了传统的日晒干燥和自然贮存方式，不但从根本上解决了卫生状况差、自然陈化过程容易虫蛀和霉变等问题，还创新性地解决了手工剥皮和果肉废弃的难题。

6.3 行业与市场分析

本技术解决了长期以来陈皮加工中的资源浪费和环境污染问题，实现了陈皮加工副产物的高值化利用，对于陈皮产业的可持续发展具有重要的战略意义。

7. 具有减肥等功效的香蕉功能食品制作技术

7.1 技术简介

香蕉气味芬芳，软糯香甜，老幼皆宜，早在2005年就被评为"世界水果之王"。它含有5-羟色胺及其前体物质，其能够使人的心情变得愉快与舒畅，缓解忧郁症，因而被认为是"开心激素"。因此，常吃香蕉能舒缓心理压力，所以又被称为"快乐食品"。此外，香蕉是著名的高钾水果，这对维护心脑血管健康大有裨益。近年研究表明，未成熟的青香蕉中富含抗性淀粉、膳食纤维等功能营养成分，具有多方面的生理功能：①可降低餐后血糖值和胰岛素抵抗，缓解糖尿病病情；②可降低肠道pH，增殖肠道有益菌，预防结、直肠癌；③加强脂质代谢，维护心血管健康；④控制体重增加，具有减肥的功效。

随着人们生活水平不断提高，超重和肥胖问题日益突出，肥胖已成为全球常见的流行病之一。据报道，在1991—2015年，中国9个省份的青少年和儿童的体重指数水平呈逐年增加的趋势，超重和肥胖人群也逐年增多。研究表明，肥胖病人患Ⅱ型糖尿病、血脂异常、高血压、心血管疾病等的概率均高于常人，我国严峻的肥胖趋势和严重的肥胖疾病将会成为未来无法承受的医疗负担和社会风险。继膳食纤维以后，近年来抗性淀粉也已成为欧美国家食品与营养研究的热点。青香蕉中抗性淀粉含量占果肉干重的40%以上，利用香蕉中的抗性淀粉来生产降血糖、降血脂、减肥等功能食品，对于提高身体素质将会有较大的辅助作用。

广东省香蕉精深加工与综合利用工程技术研究中心（以下简称香蕉工程中心）团队对香蕉进行了17年的研究，深入系统地了香蕉理化性质、生物学特性、加工性能以及营养保健功效等方面，并取得了突破性的进展。

7.2 技术创新

（1）研究表明，香蕉抗性淀粉具有良好的减肥、降脂、控制餐后血糖升高、降血糖等良好的生理功能，是低血糖生成指数（GI值）的食品。天然抗性淀粉产品，可作为减肥食品、糖尿病代餐食品原料来源之一。

（2）香蕉工程中心研究团队以功能食品、健康食品为切入点，突破常见的香蕉脆片等加工产品形式，依照功效的不同分别研发了具有减肥降脂、降血糖、润肠通便等作用的系列香蕉功能食品。现如今，香蕉抗性淀粉、香蕉代餐粉、香蕉月饼、香蕉杏仁饼4个新产品已经开展了产业化应用。

香蕉代餐粉

3D打印食品

7.3 行业与市场分析

在西方居民推荐食谱中，抗性淀粉占据了必要位置。中国居民膳食中补充抗性淀粉也是必然的发展方向。随着全球肥胖人群的不断增加，由肥胖引发的各种疾病极大地威胁着人类的健康，而香蕉抗性淀粉因其所具有的减肥、降脂、降血糖、低升糖指数等良好的生理功能，已经引起医学界、营养学界和食品学界学者的广泛关注和重视，是一种极具市场前景的益生元产品。

8. 桑叶高值化加工利用技术

8.1 技术简介

俗话说"人参热补，桑叶清补"，可见桑叶具有无与伦比的养生作用。早在3 000多年前，中国人就开始种植、食用桑叶，并将其作为重要的中药成分记录于《本草纲目》等中药经典名著之中。通过近年来的不断研究，人们发现桑叶中功能成分不仅在清肺润燥、止咳、去热、化痰等常见疾病治疗方面具有突出的功效，更在降低血压、血脂，预防心肌梗死、脑出血等重大疾病方面具有一定的优势。随着居民消费能力的提升和健康意识的增强，现代人对饮食提出了更高的要求，桑叶因其为药食两用植物，且具有独特的口感和食疗作用逐渐为大众所接受，市场前景广阔。但是，桑叶的加工技术一直停留在传统方式层面，市场上利用桑叶开发的产品普遍存在资源浪费、加工工艺粗糙、产品质控指标不明确、功效不稳定、产品同质化严重、文化传承不足等问题。以桑叶茶为例，采用传统茶叶加工方式加工而成的桑叶茶，味腥性寒，因而不能多喝、不能久喝，也就不能突显桑叶的营养和药理作用。

广东省农业科学院蚕桑与药食资源加工利用团队秉承"栽桑养人"的理念，利用养蚕富余的桑叶及桑园管理过程中"打顶"废弃的桑芽等资源，通过原料的分级和整理、鲜叶摊香、桑叶做青、高温杀青、揉捻做型和干燥提香等工艺，生产了高香桑叶茶等系列产品。

8.2 技术创新

针对桑叶味腥性寒等问题，对桑叶进行了多级发酵提香工艺处理，摆脱了传统桑叶茶的青草味，使得桑叶茶风味得到很大程度的提升，更适应消费者感官需求，并有效避免了桑叶本身寒凉的问题，特别适合糖尿病、高血压患者长期饮用。

处理设备

该技术不仅拓展了桑叶的消费领域，为市场提供了一种受欢迎的健康植物饮料产品，而且极大地促进了桑农经济效益的提高，为传统蚕桑业增铺了一条致富之路。高香桑叶茶生产技术相关内容曾获授权专利1项，并荣获2012年度广东省科学技术奖。同时该技术还在2018—2020连续三年入选广东省农业主推技术，2019年更是入选"最受欢迎十大主推技术"之一。

8.3 行业与市场分析

利用现代食品加工技术研究桑叶高值利用关键工艺，建立桑叶高值利用的技术模式，充分挖掘桑叶在食品、农业、医药等领域的利用价值，不仅能大幅提高蚕桑业抗风险能力，还能形成农业资源的良性循环利用，创造良好的经济效益和生态效益，符合循环经济和生态可持续发展战略，对于提高蚕桑产业劳动生产率、土地产出率和资源利用率具有重要意义，是我国在工业化、城镇化发展背景下蚕桑产业的根本出路。以1亩桑园每年产2t鲜桑叶计，该技术实施后，每亩可生产优质高香桑叶茶300kg，以市场销售价格60元/kg计，每亩桑园每年获收益近2万元，与传统养蚕1亩桑园获利6 000元相比，栽桑做茶实现收益增加2倍以上。

9.特色热带植物精油的固定化关键技术

9.1 技术简介

植物精油是由植物的花、叶、根、树皮、果实、种子等提炼出来的易挥发芳香组分的混合物，富含丰富的萜类、黄酮类、多酚类以及色酮等多种生理活性成分，具有防腐杀菌、美容护肤、提升机体免疫力、平衡身心健康等良好的功效。因此，植物精油也被认为是"液体黄金"，具有广泛的实用价值和应用前景。随着人民生活水平的提高和健康养生意识的增强，精油消费已经开始走出传统的专业场所，出现在商场专柜、专卖店乃至精品小店，精油的需求与日俱增。然而，天然植物精油在工业化加工利用过程中普遍存在产品稳定性差、易挥发、释放周期短、贮运性能差、应用局限性大等突出问题，严重制约了精油加工产业的进一步发展。因此，如何提高天然植物精油的贮藏稳定性，减少挥发损耗，延长释香周期，成为天然植物精油产业发展亟须解决的技术瓶颈。

中国热带农业科学院精油加工研究团队分别采用微胶囊固定技术和纳米纤维素固定技术对精油进行稳定化处理，并将其科学应用到食品（固体饮料、植脂末等）、日化（面膜、漱口水等）、烟草等产品中，显著提升了产品档次和市场竞争优势。

9.2 技术创新

（1）建立了稳定型植物精油微胶囊乳化体系，研发了与乳化体系相配套的低温喷雾造粒技术，在国际上率先解决了植物精油易挥发、稳定性差、释香期较短等难题；探明了植物精油微胶囊在特定条件下的缓释特性和稳定特性，突破了植物精油微胶囊化过程中易发生"暴壁"、泄漏等技术难题，开发出具有包埋率高、流动性好、持香性久等优点的多种热带植物精油微胶囊。

（2）探明了纤维素液态均相纳米化过程的关键技术机理，建立了纳米纤维素的绿色高效制备技术，研制出的纳米纤维素直径可达5～12nm，解决了现行技术生产纳米纤维素粒度分布范围广等技术难题。

（3）建立首个纤维素均相纳米化中试示范生产线，可年产50t纳米纤维素产品（粒度10nm），并形成了一套生产技术规程；创新性地将固定化的特色热带植物精油分别应用于食品、日化等多领域，拓展了精油的应用领域，累计开发了12个系列共50余款产品。

技术所获证书

9.3 行业与市场分析

随着中国经济的不断发展，特别是国内众多一二线城市的不断成长，造就了一批有较高收入且拥有强大消费能力的群体。由于工作压力的剧增，消费意识的转换以及生活品质提升的需求等，精油消费已经从传统的专业场所逐步走向千家万户。据分析，欧美市场的香薰精油类产品一般占到化妆品市场的30%左右。中国的精油市场容量极大，保守估算2019年纯精油的销售额达200亿元，还不包括以精油作为添加剂的其他品类。精油是唯一集"药品、食品添加剂、食品、化妆品"等多重身份于一体的物品，使得精油既是最终消费品又是生产资料，因而香薰精油市场潜力巨大。

10. 天然药用植物艾纳香产业化加工技术

10.1 技术简介

基于艾纳香传统加工技术与装备落后、效率低下、能耗大以及下游高值化产品缺乏等瓶颈问题，中国热带农业科学院相关科研团队从原料加工提取设备到高值化功能性产品开展了一系列探索和研究，并获得了多项国家发明专利和成果奖励。项目团队通过创制艾纳香产地加工设备、工厂化加工设备及优化配套工艺、研发高值化功能性产品等技术集成和产业化开发，实现了艾纳香提取加工的高效、环保和工业化生产，丰富了下游高值化功能产品，促进了艾纳香产业健康与可持续发展。

10.2 技术创新

（1）研发了艾纳香提取加工专利设备2套，其中艾粉提取装置较适合于产区推广，具有提取效率高、携带方便、经济环保等优点；艾纳香提取加工设备则比较适合于工业化大规模生产，该设备结构简单、易于生产，在显著提高艾粉收率的同时，可高效回收艾纳香油和冰片水，实现了艾纳香高效、高产、节能提取加工工艺的工业化生产。以专利设备为基础，优化了艾粉、艾片和艾纳香油的提取工艺。采用新的提取工艺可将艾粉收率从0.25%提高至0.40%；采用非化学方法将艾片收率从50.0%提高至70.0%，所得艾片纯度高达89.3%，高于中国药典规定的标准（85.0%）；通过集成高压蒸馏、循环机械压榨和动态升华等技术，将艾纳香油的收率从0.01%提高至0.05%，并且全面降低了生产能耗，节约煤电能耗约20%。

艾纳香工业化提取加工设备　　　　　　　　　　　技术产品

（2）依据艾纳香的传统功效和民间应用特点，综合运用中医理论和现代化妆品加工工艺技术和方法，研发出艾纳香牙膏、艾纳香面膜、艾纳香精油皂等产品10余个，同时获授权专利7项，发表研究论文20余篇，实现了艾纳香药妆品零的突破，为艾纳香产业化开发奠定了良好的实践基础。

技术所获证书

10.3 行业与市场分析

艾纳香是提制艾片（天然左旋龙脑即冰片）的原料，在医药方面应用较广，根据其生物活性，其应用领域从传统的中医药领域扩展到日化品、保健理疗等日用消费行业，而且随着合成冰片副作用的显现，从艾纳香提取的天然药物的优越性逐步体现出来，市场前景较好。本技术已在贵州宏宇药业有限公司、海南艾纳香生物科技发展股份有限公司等单位进行了成果转化，并实现了产业化生产。专利化设备"一种艾粉提取装置"，能够有效保证"艾粉""艾片""艾纳香油"等药品原料质量的安全有效、稳定可控，已在贵州、广西、云南和海南等省份推广应用，累计带动15 000多户农户种植艾纳香15万余亩，按亩纯收入1 200元计，间接带动农民增收1.8亿元以上。药用化妆品是化妆品行业发展的新趋势，据统计，中国化妆品的年销售额正以20%的速度递增，天然本草化妆品则以30%的速度猛增，绿色天然化妆品的理念在全世界范围内也日益盛行。因此，药用化妆品具有广阔的发展空间和强劲的发展态势，市场潜力无限。

艾纳香作为具有重大市场开发潜力的黎药本草，该项目实施前艾纳香相关药妆品尚未出现在市场上，基于此，该成果以艾纳香提取物的抑菌活性、抗氧化活性和美白活性（抗酪氨酸激酶活性）为研究基础，运用中医理论和现代化妆品加工工艺技术和方法，研发了艾纳香黎族药妆品，其中已有部分实现了转化生产，以"熊猫叶"品牌面市，产生了显著的社会效益和经济效益。

11. 岭南特色果蔬的气调休眠保鲜技术

11.1 技术简介

我国果蔬产量居世界首位，但采后损失率却超过30%，而西方发达国家则不到5%，可见生鲜果蔬的贮运、保鲜技术已成为我国农产品加工中亟须解决的难题。由于岭南地区高温高湿的气候特点，岭南果蔬水分含量高、营养丰富，但采摘后极易腐烂，贮藏时间短。即便采取低温贮藏的方法，果蔬也容易发生冷害损伤、微生物污染、品质劣变等问题，贮藏时间并不能得到显著改善。

华南理工大学食品科学与工程学院肖凯军教授认为，从食品安全和保鲜长效性出发，采用气调休眠保鲜技术，通过合适的选择性气体分离膜和催化降解乙烯技术，自发性降低贮藏环境内氧气浓度、提高二氧化碳浓度，以维持果蔬的最低呼吸强度，从而解决其高温代谢旺盛、蒸腾作用以及低温代谢损伤、次级代谢产物产生等问题，能够较长时间地维持果蔬的食用品质，延长保鲜时间。

11.2 技术创新

项目团队对在低温贮存条件下岭南特色果蔬的呼吸代谢、蒸腾作用和主要酶的活性变化规律进行了系统研究，确定了果蔬气体耐受极限和最小呼吸速率，基于Langmuir吸收理论的模型、酶动力学模型、经验模型等，建立了香蕉、荔枝、芒果、石榴粒等果蔬的呼吸模型。到2020年为止，项目团队已成功制备出Al_2O_3/PU/PVDF杂化膜、AGO/SPEEK膜、SPEEK/PVDF混合膜、SPEEK/PE复合膜、Cu_3（BTC）$_2$/PVC/PET膜等不同性能的气调分离膜，这些膜可分别运用于生菜、西兰花、石榴籽粒等果蔬的保藏实验中，同时还研制出了配套的气调包装设备。

针对蔬菜类常见问题，本项目制备的SPEEK/PE气调复合膜、AGO/SPEEK膜可自发调节膜内环境的气体成分及含量，降低果蔬的呼吸速率，生菜在膜内保藏16d后仍然保持良好的外观和色泽，具有较好的感官品质和营养成分；番茄贮藏时间可延长至20d；松茸等菌类食品采后呼吸旺盛，易发生失水、褐变、腐烂现象，贮藏时间一般仅3～4d，利用改性PE膜包装处理松茸，可大大缓解其失水萎蔫现象，贮藏时间可延长至15d。

石榴成熟后易产生裂果现象，为延长裂果石榴的贮藏时间，通常将其加工制成鲜切石榴籽粒。室温贮藏时，石榴籽粒在第3天表皮开始变皱，第12天有较浓异味产生，失去食用价值，PE膜包装的石榴果粒在贮藏的第16天出现微生物污染。而采用本技术的 $Cu_3(BTC)_2/PVC/PET$ 复合膜包装的石榴果粒，由于一直维持较低的呼吸速率，在贮藏21d后仍具有较好品质。

香蕉属于呼吸跃变型水果，采后呼吸强度大，且产生大量乙烯，导致其贮藏时间极短，在贮藏过程中香蕉的柄、尾两处极易有微生物滋生，从而发生病变。采用气调保鲜技术并结合去除乙烯催化膜片技术，大大降低气调包装盒内乙烯的含量，延缓香蕉的后熟和衰老，在保持香蕉外观色泽品质和营养价值的基础上，其贮藏时间可由原先的4～5d延长至7d左右。

11.3 行业与市场分析

本项目利用休眠保鲜法，根据客户的不同需求，提供最佳的新鲜果蔬气调包装处理技术，包括气调分离膜、气调包装设备、加工工艺、分析测试等整套技术，以减少果蔬采后损耗、延长贮藏时间，从而降低果蔬行业的经济损失，推动果蔬行业的快速发展，具有广阔的市场发展前景。

12. 柑橘果茶加工技术

12.1 技术简介

柑橘果茶是指柑橘果如新会小青柑、红柑、柠檬、橘红、柚子等被挖空果肉后，将茶叶填充到已挖空果肉的柑橘果皮里，茶和果皮一起在适当的温湿度条件下干燥，直到柑橘果皮和茶两者都能捏碎成粉时，停止干燥并冷却包装，即可完成柑橘果茶的全部制作过程。市场上的柑橘类茶大多是在果皮里直接填充干毛茶后进行干燥而成，这种方法制成的柑橘果茶的缺点一是果皮与茶的融合度不好、茶条不完整，另一突出问题是很多商家考虑到节约成本等因素，在柑橘果茶里填充的茶叶大都是低质普洱茶，其他类别的茶叶很少。

广东省农业科学院茶叶研究所茶与健康研究室发明的柑橘果茶加工技术，是以零农残的柑橘果皮和茶叶为原料，经多次单因素与多因素试验后调试而成的先进生产工艺。该技术不再直接往果皮里填充熟茶，而是先把红茶、绿茶、黄茶等各种茶叶进行一定加工后，再将茶叶制品填充到柑橘果皮中，在一定温湿度条件下让茶与柑橘果皮充分融合，这样加工出来的柑茶果香和茶香相互融合，口感和滋味俱佳，深受许多柑橘果茶爱好者的青睐。据团队首席专家孙世利博士介绍，利用本技术生产的柑红茶及橘红茶均已在细胞水平开展了健康功效研究，结果表明柑红茶可以抑制肝癌细胞的增殖、迁移和侵袭，三种橘红茶可使肝癌细胞Bel7402和HepG2的细胞凋亡率显著增加，并呈现良好的浓度依赖关系，为柑橘果茶在肝癌治疗中的潜在应用提供了理论基础。除了抗癌功效之外，柑橘果茶还可能具有降脂减肥、止咳化痰、降血糖、抗炎等其他功效，目前团队科技人员正在研究过程中。本技术成果中的"英红九号柑红茶的制备方法"已获得国家发明专利授权，同时还申请了诸如英红九号柑白茶、英红九号柑绿茶、英红九号柑黄茶、英红九号柑普生茶、化州橘红茶等发明专利。

12.2 技术创新

（1）首次解决了市面上柑橘果茶中茶叶条索不完整的现象。柑橘果茶加工过程茶叶没有进行干燥，充填过程中不会断条。

橘红茶

柑普茶

（2）柑橘果茶加工过程中，茶叶在制品可以在果皮内进行发酵、闷黄等工序，有效延长了果皮与茶有机融合的时间，可以解决果皮与茶融合度差的问题；多元化的高品质柑橘果茶产品可以满足更多消费者的需求，缓解单一品种的市场风险；本技术生产的柑橘果茶可以充分利用低值（质）茶叶资源，解决当前茶叶行业存在的供给侧结构性问题。

柠檬红

12.3 行业与市场分析

2014年小青柑茶的出现，让低迷的茶行业焕发生机，在短短几年的时间里就达到近百亿元的销售产值。有人形容小青柑茶作为令人瞩目的明星产品，谱写了茶行业的传奇。柑橘果茶具有方便快捷的新式茶饮特征，该技术能够生产高品质、多元化（多茶类和多种柑橘果）的柑橘果茶。充分利用夏暑茶等低值茶资源以及柑橘果的疏果或者小果，可实现茶叶的转型升级和低质果茶资源的高值化利用，预计每亩果园和茶园产值分别能提高1 500～2 000元，有力地推动了柑橘果业和茶业的健康发展。

13. 优稀水果果粉高值化加工关键技术

13.1 技术简介

近年来，火龙果、番石榴和菠萝蜜等热带亚热带优稀水果发展迅速，不但在海南、广东等华南地区，甚至在浙江等省份也有规模化种植。这些优稀水果风味独特、营养可口，除含有糖类、有机酸、蛋白质、氨基酸和多种矿质元素及膳食纤维外，还有丰富的天然色素和各种功能性物质。如火龙果果实中含有丰富的甜菜红色素，而番石榴则含有大量番茄红素，是维生素C含量较高的水果之一，这类水果还普遍含有丰富的果胶、核黄素以及不同种类的类胡萝卜素等功能性营养成分。因此优稀水果广受消费者欢迎，但由于其种植的地域性和季节性较强，并且存在收获期较为集中、果品不耐储运等问题，常常导致"丰产不丰收"，严重制约行业的发展，因此急需改进果品加工技术，增加产业附加值，推动产业发展。

由于这些热带水果的热敏性等因素导致其加工产品较为单一，以果干为主，而且在热加工过程中，容易造成水果的风味和营养丢失。据中国热带农业科学院农产品加工研究所周伟研究员介绍，根据优稀水果营养变化规律，该团队提出连续化冷加工制备高品质果粉理论，以此研究优稀水果连续化冷加工工艺，从而制备出了高品质果粉，并延伸开发了水果压片、冰激凌等系列果粉加工产品，通过推广示范，提升了加工企业的经济效益，提高了产业附加值。

13.2 技术创新

（1）针对火龙果、番石榴、菠萝蜜等不同果品的特性，依托连续化冷加工技术理论，系统研究了不同果品、不同品种的加工工艺，并以果粉色泽、成粉特性、营养组分及抗氧化能力为指标对制备的果粉品质进行评价，从而得到高品质果粉。

（2）针对火龙果等优稀水果果皮营养价值高而未能加以利用的产业现状，采用酶解连续化冷加工技术，研究火龙果果皮果粉制备工艺，并以果粉色泽、理化特性和功效为指标对果粉品质进行评价，达到了对火龙果等优稀水果的综合利用，提高了水果附加值。

（3）针对火龙果、番石榴和菠萝蜜等果粉深加工产品空白的情况，以制备的果粉为原料，生产出冷饮、泡腾片等系列产品。

技术产品

技术所获证书

13.3　行业与市场分析

　　火龙果、番石榴、菠萝蜜等热带水果的地域性和季节性较强，并且收获季节集中、上市期短，如不能及时销售、贮藏和加工，其高含量水分容易导致水果腐烂变质，造成巨大的资源浪费和经济损失。我国优稀水果主要以鲜食、鲜销为主，大量上市将导致价格急剧下跌，出现"丰产不丰收"问题。传统的加工产品多为果干制品，热处理的加工模式容易导致水果风味和营养损失。在当前人们追求天然、健康食品的背景下，最大限度地保留水果风味和营养的加工方式显得尤为重要。果粉具有营养损失少、贮藏稳定性良好以及综合利用率高等优点，能够满足人们对果品多样化、高档化和新鲜化趋势的需求，具有广阔的开发前景。

14. 高营养活性黑大豆稳态化加工技术

14.1 技术简介

近年来，随着人们生活水平的提升，日常餐饮中对米面粮食追求过度精白，肉、蛋奶及其制品摄入不均衡，导致部分群体营养过剩与"隐性饥饿"的现象越来越突出，有悖于人们提高生活质量的迫切需求。《中国居民膳食指南2016》首次纳入了"全谷物食品"，指南中明确推荐每天摄入全谷物和豆类50～150g；《国务院办公厅关于加快推进农业供给侧结构性改革大力发展粮食产业经济的意见》指出，"推广大米、小麦粉和食用植物油适度加工，大力发展全谷物等新型营养健康食品"。

虽然我国自古有"逢黑必补"之说，而且黑大豆、黑米、黑芝麻等黑色食品资源丰富，但由于长期面临活性物质基础不明确、生物学活性机制不清楚以及系统性的专项加工技术缺乏等突出问题，导致这些黑色食品资源不能得到充分的开发和利用。广东省农业科学院功能食品技术团队的研究表明，黑大豆、黑米等黑色食品中存在一种名为"花色苷"的生物活性物质，并因此率先制定了黑色食品质量标准；进一步研究表明，黑大豆和黑米花色苷具有调节糖脂代谢、延缓衰老等生物活性，并从分子机制方面得到了佐证。

14.2 技术创新

据团队负责人张瑞芬研究员介绍，在完成花色苷的生物学特性的表证实验后，在黑色营养餐粉加工过程中突破了糊化度和消化利用率低的技术瓶颈，解决了黑色全谷物浓浆淀粉老化返生，花色苷损失率高的技术难题，研发出了一系列高效保护和利用花色苷的黑色食品加工关键技术，设计开发了个性化的黑色营养代餐粉和谷物乳。

所获专利证书　　　　　　　　　　　获奖证书

在团队首席专家、广东省农业科学院副院长张名位研究员的带领下，科研团队创建了黑米、黑大豆等黑色食品种质资源库及其营养和活性成分数据库，揭示出了种皮中的花色苷类物质是其健康效应的物质基础，并阐明了其抗氧化、抗衰老、改善心血管功能等的作用机理。研发出的系列黑色食品新产品，引领了我国黑色食品行业发展，相关研究成果荣获2008年度国家科技进步奖二等奖。

14.3 行业与市场分析

统计数据表明，黑豆是最具代表性的全谷物食品。我国黑豆生产加工需求主要在华东地区，占比超过了一半，其次是华南地区和华中地区，分别占13.5%和10.3%。随着人们对黑色食品的青睐和黑色食品餐饮业的繁荣发展，食用黑豆已经成为一种时尚，黑豆正以其独特的营养特性和功能特性，在改善人类膳食结构中发挥着重要的作用，以黑豆为基础物质开发的系列功能产品将展示出广阔的市场空间和发展前景，预计到2022年我国黑豆行业市场规模将接近50亿元。

国内黑豆消费以南方市场为主，北方市场消费较少。消费方式基本上是食用消费，包括直接食用和加工成食品食用。以食用为主的消费结构导致黑豆产品附加值不高，从而限制了黑豆行业的市场规模。随着黑豆的食用、保健等功效逐渐被大众认可，以及黑豆类加工技术的升级及功能性和多样化的黑豆食品的开发，民众消费意识的提升将助力黑豆行业市场规模的扩大。未来我国黑豆行业市场规模有望保持较高的增长速度。

15. 以谷物豆类为基质的特医食品/特膳食品加工技术

15.1 技术简介

特殊膳食用食品，简称"特膳食品"，一般是指为满足特殊人群的生理需要或疾病状态下的特殊膳食需求，专门加工而成的配方食品，包括婴幼儿配方食品、婴幼儿辅助食品、特殊医学用途配方食品和其他特殊膳食用食品。其中，特殊医学用途配方食品（简称特医食品）为特膳食品中的一个大类，需要在医生或营养师指导下食用。无论是特医食品还是其他特膳食品，均是为特定人群提供营养的食品，可以作为一种营养补充途径，起到营养支持的作用。

15.2 技术创新

（1）率先研发以谷物、豆类等农产品为基质的特医食品。我国人口众多，随着人们生活水平的不断提升，特膳食品市场迅速扩大，但受制于国外的技术壁垒，长期面临国外品牌垄断市场的"卡脖子"问题。广东省农业科学院蚕业与农产品加工研究所根据不同人群的营养需求，率先开展了以谷物、豆类等农产品为基质的特医食品的设计创制，克服了谷物、豆类产品预消化性不高、黏度大、流动性差的劣势，突破了乳剂类特医食品高能量密度体系下乳化稳定难的技术瓶颈。

（2）开发多种专利产品。多年来，针对不同人群、不同疾病类型、不同病程的营养功能需求，开发出了一系列特医食品/特膳食品新产品，不但填补了国内市场空白，解决了长期困扰我国特殊营养类食品的"卡脖子"问题，并被国家权威部门认定为国内领先水平。团队负责人邓媛媛博士提到，该团队在该领域获得了多项国家发明专利，其中"一种利于肠道修复的营养膳及其制备方法"于2018年获中国专利银奖，"一种整蛋白和短肽复合型临床病人特膳营养乳剂及其制备方法"于2019年获广东专利金奖。

技术所获证书

15.3 行业与市场分析

《健康中国2030规划纲要》明确指出要制定实施国民营养计划，大力发展营养健康食品，将优化食物结构，改善居民营养状况、提高国民素质和健康水平作为重点支持的方向。因此设计开发针对不同人群的特医/特膳食品，在满足个性化和精准化营养需求的同时提升产品附加值，属于国家政策明确鼓励和支持的方向，具有广阔的发展前景。

我国特医/特膳食品市场总产值从2005年的1.3亿元增加到2015年的20亿元，平均年增速超过37%，显示了广阔的市场前景，但资料显示2020年国外品牌产品仍占据了我国主要的市场份额。由于饮食习惯和体质差异，国外产品营养设计并不完全适合我国居民，而且价格高昂，严重阻碍了我国居民的营养健康需求。以谷物、豆类为基质的特医食品/特膳食品与国外品牌产品相比，食物的口感更好、产品渗透压低且植物活性因子更多，功能优势更显著，价格更低，对于促进身体健康，改善营养状态，节省医疗开支等都具有重要的作用。

16. 桑蚕资源食药用高值化加工关键技术

16.1 技术简介

桑蚕产业是我国的传统优势产业，至今已有5 000多年的历史，养蚕、缫丝和织绸，是我国古代纺织业的重大成就，中国丝绸享誉世界。随着化学纤维行业的快速发展，为适应新时代市场的发展需求，从种桑养蚕到蚕丝加工的传统农耕产业逐渐萧条，2019年广东省的蚕桑种植面积不足鼎盛时期的1/4。业内专家指出，挖掘桑蚕资源的食药用价值，实现高值化利用，既是实现传统桑蚕产业转型升级的有效途径，也是实施"健康中国"战略的重要技术支撑。发展桑蚕资源食药用开发这一全新的学科和产业，面临的主要科学和技术难题在于：一是已有的桑蚕品种仅适应于茧丝生产需求，缺乏加工专用的品种和配套的安全、标准化生产技术；二是桑蚕的营养和药用功能价值主要源于中药典籍，其生物活性的物质基础与作用机制缺乏现代科学阐释；三是桑蚕的精深加工和综合利用技术缺乏，难以形成产业。

广东省农业科学院蚕桑资源综合利用研究团队，一直以挖掘桑蚕资源高值化加工利用技术体系为目标，在桑蚕高值化加工利用基础理论和关键技术领域取得了重大突破，并因此入选"2020中国农业农村重大新技术"。

16.2 技术创新

以挖掘食药用蚕桑资源为切入点，系统鉴评了我国代表性桑、蚕资源的食药用物质基础及其关键调控基因，构建了桑、蚕资源食药用加工数据库，筛选出了一批营养和活性成分含量高且加工特性好的专用桑蚕品种。确证了桑叶抗病毒和降血糖等生物活性与作用机制，提升了国家传统中药"夏桑菊颗粒"的质量标准和水平，开发了具有降血糖功效的桑叶新产品。突破了桑叶食品不良风味脱除和功能成分减损等加工技术瓶颈，开发出了高品质的桑叶茶和脱水桑叶菜等新产品。

建立了基于高效生物转化的家蚕加工利用关键技术体系，解决了蚕蛹蛋白致敏、蛹油氧化和蚕蛹虫草的连续化生产等技术难题，研制了一系列以蚕蛹为原料的保健食品、风味食品配料等新产品。

该研究成果包括以下多方面的技术创新：

（1）基于CO_2萃取联合膜精制的高抗病毒活性的桑叶有效成分提取技术，提

技术所获证书

升了传统中药"夏桑菊颗粒"的质量标准；

（2）建立了基于二次发酵与高温提香的高香桑叶茶加工工艺；

（3）发明了基于叶绿素和黄酮减损的桑叶菜加工技术；

（4）建立了超临界CO_2萃取联合生物酶法精制蚕蛹油的绿色加工工艺；

（5）集成定向酶解和脂质体纳米包埋技术，发明了风味浓郁且具有抗氧化功效的蚕蛹味肽制备技术；

（6）建立了高产虫草素的蚕蛹虫草连续化生产工艺；

（7）发明了基于微生物转化的蚕蛹生物脱臭及除敏技术。

技术所获证书

16.3 行业与市场分析

通过本研究成果的推广实施，拓展了我国桑蚕资源多元化利用渠道，对于优化桑蚕产业结构，促进农民增收和企业增效，推动传统产业转型升级均具有十分重要的意义。拓展形成了桑蚕资源高值化加工利用的新学科和新产业，社会效益明显。通过对桑蚕资源高值化加工专用品种资源的评价、发掘、创新与利用的研究，拓展了传统桑蚕业的产业链，项目创建的桑蚕资源高效加工利用新技术和新模式，推动了桑蚕资源多元化加工利用新学科的形成，加快了桑蚕资源精深加工技术创新平台建设，引领了我国桑蚕加工利用新学科和新产业发展，为传统桑蚕产业的转型升级和社会大健康事业做出了重大贡献，社会效益明显。并由于创造了桑蚕资源零废料全利用的综合模式，生态效益显著。通过对桑蚕资源的功能成分和加工特性研究，开展全方位的加工利用技术研究，研发系列化的新产品，实现了桑蚕资源的零废料全利用。同时，通过对加工专用品种的大面积推广，充分发挥桑树在水土保持、生态治理、经济林建设和农村种植结构调整方面的优势，生态效应显著。

17. 中药材贮存气调养护新技术

17.1 技术简介

中药材在贮存过程中容易发生变质现象，如霉变、变色、变味、泛油等，当前中药材的养护技术主要是采用硫磺熏蒸与磷化铝熏蒸。此类方法存在影响药材质量和疗效及污染环境等问题。其他中药材养护技术如干燥养护技术、低温冷藏养护技术、密封法等方法，由于养护效果较差、养护成本高、应用范围窄等缺点，未能普遍应用。中药材贮存气调养护新技术是一种新的中药饮片仓储养护技术，以脱氧剂、优选薄膜材料及养护温度为基础，通过采用独立的塑料膜六面密封体系，降低了企业仓储维护成本和操作难度。预期该技术的推广将有助于提高中药饮片仓储养护质量标准，对保证中药饮片的质量安全具有十分重要的意义。

17.2 技术创新

该技术通过控制影响中药材的氧浓度来进行中药材贮存。将中药材置于密闭的容器内，对氧气浓度进行控制，人为地造成低氧状态或高二氧化碳状态。在这种环境中，新的害虫不能产生和侵入，原有的害虫会窒息或中毒而死亡，同时微生物的繁殖及中药材自身的呼吸过程均受到抑制，有助于延缓中药材的陈化速度。此外，该技术能隔离湿气，从而保证被贮存的中药材品质稳定，防止变质。实验研究还证明，气调养护法不仅可以杀虫、防霉，而且还能够保持药材原有的颜色、味道，减少多余的消耗，是一种很有潜力的中药材及其饮片的科学养护方法。该技术取得的具体成果如下：

（1）减损。产业化应用后，现有中药材产品损耗率降低50%以上。

（2）提效。中药材、中药饮片及中成药有效部位含量平均提升10%以上。

（3）建标。建立了一套科学规范的中药材仓储养护的标准作业程序（SOP），可指导企业中药饮片的生产，协助规范质量标准。

（4）保护。中药材使用本技术储存半年后，无虫蛀，无霉变，药材中有效成分含量满足药典要求。

17.3 行业与市场分析

中药材本身容易在土壤中携带霉菌、细菌等微生物，而空气中也存在着大量的霉菌孢子。环境温度在20 ～ 35℃、湿度在75%以上或中药材水分含量在15%以上均为霉菌生长的最佳生长环境。在高温高湿环境下，中药材在霉菌、酶、氧等因素的共同作用下，中药材内部糖分、脂肪会被分解游离，形成泛糖泛油。中药材本身也有可能携带少量虫卵，但大部分蛀虫是外源性的，中药材在储存过程中容易受到外源性虫害的入侵，在合适的温度、湿度条件下会快速生长繁殖，导致蛀虫的出现。中药材贮存气调养护新技术能在常温下安全贮存中药材，杀虫、防霉、防氧化变色一次完成，一次密封，长期有效，无需重复操作，减少了人工费用；不需要配置调温调湿设备，不需冷库储存，减少能源损耗。合理把握商机，便可提高经济效益。

18. 高产饲用番茄红素酵母菌种创制及产业化技术

18.1 技术简介

我国是抗生素使用大国，其中52%的抗生素用于养殖业。农业农村部公告要求，自2020年7月起，全面禁止添加饲用抗生素。在这种形势下，养殖替抗势在必行，养殖业迫切需要替抗促生产品。番茄红素是备受期待的替抗促生添加剂，对养殖动物具有显著的替抗促生功效，已经成为国内外的研究热点。可现在国内外还没有饲用番茄红素产品，原因在于生产工艺成本高昂，无法商业化推广应用。而微生物发酵法具有成本低、易于规模化培养，产率高，不受自然因素制约等优点，是实现饲用番茄红素产业化的有效途径，但是受限于菌种性能差，尚未实现产业化。

广东省科学院微生物研究所吴清平院士团队研发出高产饲用番茄红素酵母菌种创制及产业化技术，针对高产菌种创制这一"卡脖子"难题，创制了具有自主知识产权和核心竞争力的高性能番茄红素生产菌种，完全具备实现饲用番茄红素产业化的潜力，这对于推动我国饲料添加剂行业进步、实现绿色健康无抗养殖具有重要意义。

18.2 技术创新

（1）构建了国际首创育种技术体系。针对番茄红素合成途径中的关键步骤，基于完全原创的育种策略，实现了番茄红素合成途径的智能表达、途径平衡与精准调控。

（2）创制的酵母菌种生产性能优异。创制了高产番茄红素酵母菌种，产量达到2.8g/L发酵液和78mg/g细胞干重，超过现有文献报道的最高水平。

（3）奠定了饲用番茄红素产业化应用的基础。建立了工业化生产工艺，最终产品中番茄红素含量2.8%，总成本降至2.5万元/t。产品在淡水石斑鱼替抗试验中表现良好，显著提高石斑鱼的免疫力。

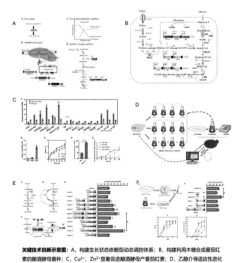

关键技术创新示意图：A，构建生长状态依赖型动态调控体系；B，构建利用木糖合成番茄红素的酿酒酵母菌种；C, Cu²⁺、Zn²⁺显著促进酿酒酵母产番茄红素；D，乙醇介导适应性进化；E，构建了基于乙酰辅酶A的萜类物质合成平台；F，微重力诱变获得高产番茄红素突变株。

关键技术创新示意图

18.3 行业与市场分析

我国是养殖业第一大国，也是饲料生产第一大国。2020年，饲料产品产值8 445.9亿元，其中广东省为1 079亿元；饲料添加剂产品总产值932.9亿元，替抗产品市场最大可达200亿元。根据合作企业和客户意向，计划建设4条200t级发酵生产线，设备投资大概需要1 200万元，年产量4 000t，年产值1.6亿元，缴纳利税2 600万元，年净利润6 000万元。

19. 药食同源植物育种与大健康产品开发

19.1 技术简介

药食同源植物既可食用又兼具医用功效，市场空间巨大。紫苏，古代称为"荏"，是我国首批公布的60种药食兼用型植物之一，在我国具有悠久的食用及栽培的历史，在医药、食品、日化等领域应用广泛，市场容量近千亿元。紫苏具有生长周期短、种植管理容易、病虫害少等优点，更具备多方面经济价值：紫苏籽油是陆生植物中α-亚麻酸（深海鱼油DHA的前体）含量最高的保健油脂；紫苏叶精油具有解表散寒，激活免疫力等功效；紫苏中富含的迷迭香酸是现有食品中用量最大的抗氧化剂；紫苏叶为日本、韩国民众喜爱的香料，也是海鲜烹饪最佳伴侣。但紫苏行业当前面临缺乏特色优势品种，缺乏育种的关键技术等问题，因此开展紫苏育种及产业化应用具有重要意义。

广州中医药大学研究的药食同源植物育种与大健康产品开发技术，经过十余年努力，收集1 000余份紫苏资源，系统开展了功能研究与遗传育种研究。围绕优良性状功能解析、定向育种，成功培育药用型、油用型及蔬菜型等6个省级审定紫苏品种；围绕产业化开发，形成了紫苏籽油、茶、酒、护肤品等功能产品，已初步形成从基础研究到产业发展的全产业链条。

19.2 技术创新

（1）利用前沿组学技术夯实了紫苏的基础研究。通过对紫苏基因组测序组装了2套（二倍体及四倍体）高精度的紫苏基因组，对倍性进化进行深入解析；对核心群体材料的重测序及全基因组关联分析解析了亚麻酸含量等重要性状遗传变异及关键基因；通过对功能基因的研究，鉴定了亚麻酸、挥发油及迷迭香酸合成的分子代谢机理。

（2）开展紫苏新品种选育。从世界范围收集紫苏资源1 000余份，完成核心资源的关键农艺学和主要功能成分的考察和鉴定，并开发了大量的分子标记对种群分类及资源遗传多样性进行研究，基于深入的基础研究及广泛的资源调查研究，通过分子辅助育种等技术手段进行紫苏新品种选育。截至2020年在北京，湖北及贵州分别审定6个油用及药

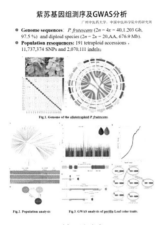

基因测序　　　　　　　　　　　培育紫苏品种

用紫苏新品种。开展光温湿等环境因子的配套栽培技术研究，在紫苏主要分布区域推广近10万亩。

（3）开发出系列大健康产品。围绕拓展紫苏产业链，研发高效紫苏油加工工艺，获得优质冷榨紫苏油，并探索紫苏蛋白，紫苏提取物，紫苏酒，紫苏茶等多种产品开发。

19.3 行业与市场分析

大健康产业是聚焦维持健康、修复健康、促进健康等健康产品生产经营、服务提供和信息传播的产业。截至2020年，我国大健康产业已接近10万亿元规模，已成为拉动国民经济增长的强大动力。对比欧美国家，我国健康产业还处于起步阶段，未来发展空间极大。中医药是我国的国粹，是中华民族传统文化瑰宝。尤其是在新冠肺炎疫情期间，中医药的突出贡献，让我们更加增强中医药的民族自信。为此，以药食同源中药材开发的保健产品、功能食品、药妆、日用品等产业将获得空前的发展。

本研究对大健康产业的细分市场进行优势品种选育，直接应用于功能产品研发及药理药效评价，通过技术整合，完善产业链条，形成大健康领域的优势产业，有利于减少保健品市场乱象，促进大健康产业良性发展，市场前景广阔。

20. 板栗营养品质提升的加工关键技术

20.1 技术简介

板栗，壳斗科栗属坚果类经济植物，原产地为中国，中国作为世界最主要的板栗生产国和出口大国，其板栗生产直接影响着世界板栗产业，具有绝对的市场优势。板栗果仁富含蛋白质、碳水化合物、膳食纤维、胡萝卜素等多种营养元素，尤以维生素C和维生素E含量最高，具有很高的食用和药用价值。然而板栗因为含水量高，其贮藏保鲜也较为困难。每年有30%以上的板栗因变质霉烂而失去利用价值，造成严重的经济损失。随着板栗产业化的发展，迫切需要结合板栗的营养特性并利用多种精深加工技术，开发功能产品、特膳食品等多种类型的高附加值产品，促进经济林果产业的创新升级。板栗营养品质提升的加工关键技术围绕板栗的营养品质特性，通过蒸汽加工处理，快速钝化生鲜板栗的酶活，抑制板栗酶促褐变和氧化，减少微量营养元素的损失，提高板栗的营养品质并改善其消化性能，延长板栗果仁的贮藏期。

20.2 技术创新

（1）探究热加工对板栗营养品质影响。针对板栗开展了不同热加工方式和条件对其营养品质影响的探究，确定了热加工过程对板栗仁抗氧化品质的提升作用，以此指导加工实践。特别是经过蒸汽热加工后，板栗仁的总多酚含量和总黄酮含量相较新鲜板栗均有大幅度提升，分别提升约110%和74%，经过烤制热加工的板栗果仁中类胡萝卜素的含量相较于新鲜板栗提升约60%，该结果为后续板栗相关产品的开发奠定了基础。

（2）开发板栗功能性饮料。开展板栗功能性饮料调配方法优化与营养价值检测数据采集，通过采用板栗与其他原料如玉米、山药等进行复配的方式，开发了一种高叶酸型板栗饮料，叶酸含量高达1μg/g以上，强化了饮料的特殊营养价值并进一步提高了饮料口感，实现了板栗价值的提升。

20.3 行业与市场分析

中国一直是世界上板栗生产第一大国，并且从2016年开始收获面积及产量呈现较快增长趋势，出口量也不断增加，2019年，我国板栗出口约4万t，金额高达约9 000万美元，同比增长了10.44%。但是板栗具有"怕干、怕湿、怕热和怕冻"的"四怕"特性，不耐贮藏，因此大力发展板栗深加工产业，扩大板栗产品的种类与市场，提高产品质量与购买力是减少损失的有效办法。而减少加工过程中板栗的褐变氧化与营养物质的损失，保证产品的色泽、口感与营养是获得优质加工产品的重要条件。本项目以板栗为原料，优化关键加工技术，提升板栗加工产品品质，减少由于霉烂带来的经济损失，满足市场和人民需要，为开发出具有市场竞争力的板栗产品、促进农村经济发展奠定基础。

21. 香蕉系列食品精深加工技术

21.1 技术简介

香蕉，原产自亚洲东南部，现我国广东、广西、海南、云南、贵州、台湾等均有栽培，因生长周期较短、产量高、营养全面而成为热带地区重要水果，也是世界上最为重要的果粮兼用作物之一，全球贸易量位居农产品第四。香蕉产业已成为我国热带地区农业的支柱性产业之一，在保障我国农产品有效供给，推动热带地区经济发展和农民脱贫发挥重要作用。品种单一、品牌薄弱、品质良莠不齐、后端生产技术不配套、生产成本持续上升、深加工产业发展滞后是我国香蕉产业面临的主要问题，针对这些问题，我国香蕉产业未来发展需要加强品种改良、优化种植布局、推动品种多元化同步发展。

华南理工大学食品科学与工程学院广东省香蕉精深加工与综合利用工程技术研究中心研发出香蕉系列食品精深加工技术。该工程中心团队经过十几年的研发，以香蕉抗性淀粉、膳食纤维、低聚糖、多糖等功能因子为研究对象，对香蕉品种、成熟度、加工形式、高新技术、产品设计等方面进行了全方位的研发，突破常见的香蕉脆片产品形式，以功能食品、健康食品为切入点，开发了香蕉系列功能食品，并进行了中试，部分产品已经产业化，这些科研成果正待转化成为现实生产力。

21.2 技术创新

（1）筛选适宜加工的香蕉品种。前期完成了我国香蕉主要品种的营养与活性成分比较（包括香芽蕉、粉蕉、皇帝蕉和大蕉，共4个品种）。2018年对广东省农业科学院果树所选育改良的香蕉新品种美食蕉进行了营养成分评价与研究，美食蕉（Musa spp., Plantain AAB group）是可作为粮食及加工用途的香蕉品种，与鲜食蕉（适合鲜食，不适合加工）显著不同。

（2）鉴定抗性淀粉结构特性并进行功能评价。香蕉抗性淀粉是RS2型天然抗性淀粉，具有抗酶解性，在小肠不被消化吸收，在大肠被肠道益生菌利用，起到增殖益生菌、调节机体状况的作用。课题组评价了香蕉抗性淀粉的润肠通便、减轻体重、调节肠道菌群、调节血糖浓度等功能，效果良好。

（3）开发功能食品。基于前期功能评价实验的结果，开发了香蕉系列功能食品，采用焙烤技术、3D打印、发酵技术等，形成了10余种形式的产品。

21.3 行业与市场分析

香蕉是世界上栽培最为广泛的热带水果，主产国有印度、巴西、中国等。中国的香蕉年产量达1 000万t以上，香蕉一年四季均可产果，具有原料供应期长的加工优势。前期开发的香蕉食品已经工程化应用的成果4项，开发新产品4个（香蕉抗性淀粉/香蕉代餐粉/香蕉月饼/香蕉杏仁饼），制定技术标准4项。

该技术成果中的香蕉系列食品，是在长期研究香蕉抗性淀粉、低聚糖、膳食纤维等活性成分基础上，开发的具有降血糖、减肥降脂、润肠通便等作用的系列香蕉功能食品。截至 2020 年正在进行成果的产品有：香蕉降血糖功能食品、香蕉减肥功能食品、香蕉缓解便秘功能食品。该系列产品属于大健康领域的功能食品，市场前景良好。

22. 甜韵红茶加工技术

22.1 技术简介

红茶是当今世界消费量最大的茶类，主要消费者来自欧美、中东等地区。国外红茶消费主要为调饮，追求滋味浓强鲜爽（调饮后仍有茶味）。现有技术生产的红茶滋味浓强鲜爽、香气鲜醇，但甜味不足。而中国人喜欢清饮，喝红茶更青睐醇和滑口、不苦不涩的甜醇滋味，因此现有技术所产红茶大多为针对外国人调饮红茶的习惯，并不能满足国内消费者的口感需求。因此，如何改变红茶"强"的特点，使其更适应中国消费者的口味，是本领域的一个技术难题。

广东省农业科学院茶叶研究所马成英研究员团队研发了甜韵红茶加工技术。本技术针对传统红茶"强"的弊端，采用工艺参数调整，使用重萎凋、重揉捻、重发酵的技术，使产品香气、滋味甜韵浓郁，适合更多消费者的需求。

22.2 技术创新

优化工艺参数，改变产品风味。针对红茶加工中的工艺参数进行了优化，使产品得到升级，该技术采用的加工工艺步骤为：重萎凋——重揉捻——重发酵——适度温度干燥，采用这种工艺使产品风味得以改变，更适应国内外消费者的需求，经多年生产验证，市场检验，甜香味风格稳定，品质优异，多次冲泡，仍有香气、滋味醋甜。

甜韵红茶加工技术及配套自动化加工设备

随着全球一体化的不断发展以及饮食与消费结构的变化，国内茶叶消费市场已日趋多元化，"红茶热"悄然兴起。红茶因其特殊的加工工艺而产生独特保健功效，得到越来越多消费者的青睐，2020年消费量达到了31.48万t，同比增长39.29%。预计到2026年我国红茶消费量将增长到53万t。采用本技术加工的红茶，每千克可增值20 ~ 100元，经济、社会效益显著，具有广阔的市场前景。

23. 大豆磷脂精制加工技术

23.1 技术简介

磷脂是毛油精炼过程中的重要副产品，毛油中磷脂含量以大豆毛油含量最高，所以大豆磷脂是最重要的植物磷脂来源。中国食用油需求量巨大，油脂加工企业在加工过程中会产生大量的磷脂"油脚"，以往这些副产品仅作为废料弃掉或者作为饲料使用，既浪费资源又不利于环境保护，若能将其进行开发利用，将会获得显著的经济效益和社会效益。

广州海莎公司长期与华南理工大学相关科研团队紧密合作，经过多年对大豆磷脂精制加工技术的摸索研究，将大豆油精炼后的"油脚"加以充分利用，不但提升了附加值，还为食品甚至医药行业提供了优质的磷脂原料。该技术主要工序如下：

（1）大豆毛油加工过程中，由于磷脂分子具有亲水性，经水化磷脂吸水膨胀，形成胶体状态，将磷脂和油进行分离，经离心，上清部分可用于生产成品油，而下沉部分则可制备成粗磷脂继续精炼加工。

（2）将上述粗磷脂经过滤去除磷脂中不溶性杂质，加入脱色剂进行脱色，提高磷脂透明度，提亮色泽。进行进一步精炼加工可分别得到透明磷脂、改性磷脂、磷脂酰胆碱（PC）等。成品符合相关国家标准。

（3）在提取磷脂时，离心工序下层沉淀物还能用作饲料使用，这样大豆加工的废弃物可以得到充分利用，不但可以提升产业链的附加值，而且也充分满足了环保领域的严格要求。

该公司是《食品安全国家标准　食品添加剂　磷脂》（GB 28401—2012）《食品安全国家标准　食品添加剂　改性大豆磷脂》（GB 1886.238—2016）的主要起草、编制单位之一，并参与了《食品安全国家标准　食品添加剂　酶解大豆磷脂》（GB 30607—2014）的起草工作。

23.2 技术创新

本技术在生产过程中由于无添加化学助滤剂，符合环保减排的要求，且与传统磷脂生产方法相比具有简单高效，反应时间短，原料转化率高，溶剂毒性低、较易去除等优势。

由于反应条件温和，没有破坏成品的结构，能较好地保护不饱和脂肪酸中的不饱和键，因而采用本技术生产的磷脂系列产品营养丰富，对人体而言更为健康，可广泛用于食品和医药领域。

23.3 行业与市场分析

磷脂已广泛应用在医药、化妆品、食品、动物饲料等领域。随着社会经济发展和保健意识的逐渐增强，人们的观念已从原来"有病被动治疗"转变为"无病主动预防"，每日服用营养保健品或将成为人们健康消费的新趋势，大豆磷脂这类天然产品将更受人们的喜爱。因此，大豆磷脂的精制加工技术将具有广阔的市场前景。

24. 基于果蔬原料的复合多菌种协同定向生物转化技术

24.1 技术简介

刺梨具有高含量抗坏血酸、高SOD活性的特点，富含多种维生素、类胡萝卜素、有机酸、多糖、微量元素等，号称"维生素C之王"。现代研究表明刺梨具有增强人体机体免疫力、抗氧化、抗癌变等保健价值。然而，刺梨中单宁含量较高，使得其果肉酸涩，生食口感差，刺梨榨汁后口感也很酸涩，难以入口，使得消费者对刺梨类加工产品接受度较低。

华南协同创新研究院徐晓飞教授团队研发了基于果蔬原料的复合多菌种协同定向生物转化技术。本技术是以刺梨、食用菌、茶叶、蔬菜等为原料，添加少量碳源，利用酵母菌、乳酸菌、醋酸菌等多菌种协同快速发酵，将刺梨中的单宁、茶叶中的多酚、食用菌中的蛋白质和多糖、水果蔬菜中的多酚和膳食纤维等大分子物质，经微生物发酵酶解代谢成如酚酸、肽、氨基酸、有机酸等小分子活性物质，同时在发酵液中产生新营养成分如B族维生素、短链脂肪酸、氨基丁酸等，从而提高刺梨、食用菌、茶叶等原料的保健功效。

24.2 技术创新

(1) 实现初级农产品增值增效。本技术基于贵州特色产业优势资源，利用现代生物发酵和定向生物转化技术，实现初级农产品的增值增效加工。

(2) 复合菌种协同高效与定向生物工艺。采用的复合多菌种（酵母菌、罗伊氏乳杆菌、嗜酸乳杆菌、发酵乳杆菌、醋酸杆菌共5种）协同高效发酵与定向生物转化工艺，解决了果蔬发酵行业普遍存在的生产周期长、质量不可控、成本高等系列问题，采用该技术可将果蔬发酵行业的生产周期缩短70%，成本降低50%以上。

24.3 行业与市场分析

本技术采用现代生物发酵和定向生物转化技术，实现特色果蔬的增值增效加工，并采用中医理论和现代营养学知识，开发出活性成分配置合理、物质基础和作用机理清晰的发酵果蔬系列产品，为广大消费者的日常健康保健提供天然、健康、有效的多样化功能性食品，提升广大消费者的健康水平，增强对病毒性传染病的预防能力及防治继发性感染能力，为保障人民生命安全和健康做出贡献。

第四章 废弃物利用技术

1.黑水虻处置餐余技术

1.1 技术简介

黑水虻成为处置餐厨剩余物的最佳选择，是基于其食量大、食谱广、对环境的耐受性高、易于繁殖和管理，以及无可挑剔的环境安全性等特点，因此利用黑水虻对厨余物的生物转化技术在过去的几十年作为有机废弃物的潜在利用途径得到了全球的广泛关注，国内在此领域的起步较晚，大约在2005年开始有学者关注到黑水虻的应用前景，将其定位于中国餐厨垃圾处理的潜在可行途径并加以研究，2010年开始不断有企业参与尝试该项工作，并在近几年达到一个高潮。但当前国内大部分的黑水虻养殖工厂仍然停留在劳动密集型的手工作坊阶段，以自建水泥池和农业大棚为主要养殖设施，装备简陋、工艺落后、管理粗放，生产效率低下且卫生状况欠佳。因此，黑水虻养殖的整体工艺装备水平低下是当前制约该技术大范围推广应用的瓶颈，无法适应环保处置领域对环评、工艺和装备的要求。

餐厨剩余物生物转化生产线是由广东省生物资源应用研究所研制的一款环境友好型全自动化生物处置餐厨剩余物的生产线装备。在洁净、安全、可控的封闭式空间内和自动化生产线上，利用食腐昆虫黑水虻将富有营养的餐厨剩余物消化掉，并转化为高附加值的昆虫蛋白和油脂，有机残渣则可以作为原料进一步加工成为有机肥，使得有机废弃物的资源化利用率达到100%，真正做到"变废为宝"；处置过程不产生污水、废渣，产生的气体净化后达标排放，没有二次污染，在有机固废处置领域能够切实实现零排放和彻底资源化，盈利模式清晰，技术体系完善，可广泛应用于城市、乡村等多种场景，处置内容包括餐厨剩余物、禽畜粪便、农贸市场废弃物、屠宰下脚料、病死动物尸体等，具有广阔的市场前景。

该套自动化设备结构组成如下：预处理系统、幼虫孵化系统、上料分配系统、出料筛分系统、养殖循环层架、环境控制系统、空气净化系统、智能管理系统。

技术原理：充分利用食腐昆虫黑水虻的广谱取食特性，在可控环境中提供最适宜的养殖条件，经过6d的养殖周期，在营养转化效率、水分平衡、氧气供应、生物量积累、温湿度控制等参数之间达到一个最优平衡，将尽可能多的营养物在最短的时间内转化为昆虫蛋白和油脂，实现效益的最大化。

1.2 技术创新

（1）自动化水平高。利用黑水虻取食消化餐厨剩余物是近几年兴起的生物转化新技术，相关配套设备和工艺亟待成熟。该套自动化设备在优化工艺的基础上，实现了全自动控制和智能化管理，易于操作；生物处置部分可以实现自动上下料、自动翻刨、温湿度可调，既保障了养殖环境的稳定和优化，同时通过封闭式环境的无人化操作，彻底避免了处置现场脏乱差的情况，杜绝二次污染。

（2）模块化设计。该套自动化装备采用了模块化设计理念，每个模块的日处理量为 1 ~ 10t，可根据客户需求和厂房的实际情况进行订制，具有了较高的灵活性，易于分批维护和检修，同时还降低了环境控制成本和操作失误的风险。

（3）信息化水平高。利用物联网技术，在生物处置部分配备了较为全面的传感器，能及时掌控包括温湿度、氨气和氧气浓度等环境参数，并实时上传至云空间，操作系统简便灵活，可进行远程监控和数据分析。

1.3 行业与市场分析

城市生活垃圾当中约50%为餐厨剩余物，其中含有大量水分和营养物质，极易腐败并滋生细菌和蚊虫等，是导致多种环境污染的根源。由于国内饮食习惯的差异，餐厨剩余物表现出极大的时空差异性，不同地区的餐厨剩余物在盐度、油脂、调味品等方面具有显著差异，通过传统的厌氧工艺往往达不到理想效果，最为重要的是，餐厨剩余物是"放错了地方的资源"，本身具有丰富的营养物质，通过微生物方法将其分解为小分子，虽然达到了无害化处理，却无法实现资源化利用。

通过腐食性昆虫的消化处置，将餐厨剩余物当中的营养物质再次利用，转化为昆虫蛋白和油脂，不仅实现了无害化处理，消除了同源性污染风险，而且最终产品（昆虫蛋白和油脂）在饲料领域是具有高附加值的动物源蛋白添加剂，从而更好地实现了减量化、无害化和资源化的多重处置目标，经济效益和社会效益显著，符合绿色环保和可持续的发展理念。

2. 沙田柚白囊制作植物源卫生巾技术

2.1 技术简介

根据商务部2016年公布的信息，国内市场保健品及化妆品的销售额分别为500亿元及963亿元，而女性卫生巾的销售额则高达1 200亿元。由此可见，属于快速消费品的女性卫生巾，已成为女性用品的销售龙头。众所周知，卫生巾对女性而言，最重要的功能是吸湿和吸味。但市场上众多品牌实现"舒适透气、超强吸湿"采用的手段，大多只是将卫生巾接触皮肤的表层材料从无纺布换成纯棉再换成混纺棉，其核心吸湿材料仍然是采用一种名叫聚丙烯酸钠的高分子聚合物。然而长期接触这种化学物质对女性的身体可能会带来皮肤过敏及细菌感染等潜在风险。随着人们环保意识的增强及健康需求的增长，近年来不少知名日化企业也在寻求在卫生巾植物源性吸湿材料方面有所突破。

广东省农业科学院果蔬加工研究团队和企业科研人员历时三年的合作研究表明，沙田柚表皮厚厚的白囊（海绵体）具有吸湿吸味的天然属性，经过一系列标准化的专利技术处理后，研发出可以代替高分子化学聚合物的植物源性吸湿材料，并率先成功应用在女性卫生巾、婴儿尿不湿等快速消费品的规模化生产上。该技术成果已在我国香港地区及广东梅州等地开展规模化生产，其成果"女性天使PHD植物卫生巾"系列产品已在多个国家和地区得到推广，并获得了不少荣誉。

2.2 技术创新

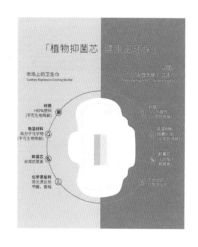

（1）天然环保。女性天使PHD植物卫生巾采用天然植物提取材质，无化工材料，可降解率高达80%以上。

（2）利用柚子的抑菌作用。从柚子中提炼天然抑菌素，可有效抑制金黄色葡萄球菌（99%）、大肠杆菌（99%）、白色念珠菌（97%）。

（3）零敏感。不含甲醛、香精、荧光漂白剂及174种欧盟高度关注的化学物，并且通过了临床皮肤过敏测试。

（4）SGS权威认证。通过4个国际公认的权威机构共170多项安全检测和品质认证。

2.3 行业与市场分析

相关报道显示，2020年发达国家女性卫生巾月经周期内人均使用量是每天8～10片，而国内女性的人均使用量只有4～6片，使用卫生巾的适龄女性约有3.6亿人，月经周期内每人每天增加使用一片即是每天增加3.6亿片，市场容量很大。据中国消费者协会调查数字表明，中国女性使用卫生巾的年龄有向两极延伸的趋势，初次月经从原来的14岁提前到12岁，停经的妇女从45岁延伸到48岁，这使得卫生巾的市场空间不断扩大。该团队研发了女性天使PHD卫生巾自动贩卖机，线上线下同步销售，获得了很多消费者的青睐。国内个人护理用品市场有超过60个卫生巾品牌（包括合资品牌），但排在前10名的品牌卫生巾销量却占全国销量的70%以上。但这前10名的卫生巾品牌同样存在核心材料同质化的问题，以天然、环保、助农等产品理念来衡量，"女性天使PHD植物卫生巾"更具有优势，也更加迎合当今世界环保消费的大趋势。

3. 厨余垃圾制作有机肥技术

3.1 技术简介

　　厨余垃圾是指居民日常生活中食品加工、饮食服务、单位供餐等活动中产生的生活垃圾，这些垃圾容易腐败变质，如不及时处理必定危害到居民的身体健康和生活环境。而由于厨余垃圾有机质含量高、营养丰富，经过一定的科学处理后可用于生产肥料、饲料等，从而实现厨余垃圾的资源化利用。

　　为了解决厨余垃圾日益增长带来的问题以及充分利用厨余垃圾的价值，广东省现代农业装备研究所以家庭、社区厨余垃圾就地资源化利用与城市庭院农业模式的有机结合为目标，针对厨余垃圾可循环利用的特点，开展厨余垃圾堆肥工艺和设备研发，并结合城市社区环境，研发了厨余垃圾制作有机肥技术，以及研制出配套的适用于家庭、乡村、城市庭院的厨余垃圾处理装置，如9CYJ-32型家庭厨余垃圾处理机等。

3.2 技术创新

　　利用本技术制成的厨余有机肥种植基质，可以满足城市社区家庭阳台和楼顶空地等区域蔬菜、花卉种植需求，为城市家庭农业和社区厨余垃圾就地资源化处理的有机结合提供了可靠保障。本设备解决了困扰家庭、乡村、城市社区等的厨余垃圾处理难、环境差等问题，通过生物处理发酵堆肥，实现了厨余垃圾的就地资源化利用，经处理的厨余垃圾产生的有机肥可满足城市社区、家庭阳台和楼顶空地等区域种植蔬菜、花卉的需求。

9CYJ-32型家庭厨余垃圾处理机

垃圾分类收集，集中处理

3.3 行业与市场分析

在国外，几乎每个花园达人都会有自己的堆肥设施。在他们的理念中，能通过环保的方式为植物提供有机肥，比购买肥料要好得多。同时，政府也支持这一做法，比如会将道路上的树叶搜集后制成肥料或者直接发放给住户，自行堆肥。厨余垃圾的水分与有机物含量较高，非常容易腐坏，产生恶臭。通过本技术处理和加工，可以转化为新的资源，有机物含量高的特点使其经过严格处理后可以作为更好的肥料，应用前景广阔。

4. 柚皮膳食纤维及其代餐食品的制备技术

4.1 技术简介

柚果是芸香科柑橘属植物柚的成熟果实，是我国南方代表性的水果之一。柚子果皮较厚，占柚果总量的30%～60%，除了鲜食以外，果肉一般可加工成果汁、果酱等产品，并产生出大量的皮、渣等副产物，这些副产物利用率较低，大部分作为垃圾废弃，不但严重浪费资源，同时也给环境造成了很大的污染。科学研究表明，柚皮中含有丰富的精油、黄酮、果胶多糖等功能成分，其中果胶作为一种良好的可溶性膳食纤维因具有良好的保健价值备受消费者欢迎。柚皮常见的加工利用方法多用于柚皮果脯、果酱、果干、腌柚子皮等小食品的制作，产品附加值较低。如能将柚皮的功能成分如果胶、多糖等膳食纤维提取出来，作为一种新型的功能性食品原料广泛应用于食品工业中，其经济效益无疑是巨大的。膳食纤维是一种多糖，但它不能产生能量也不被胃肠道消化吸收，因此被认为是一种"无营养物质"而长期得不到足够重视。随着营养学和相关科学的深入发展，人们逐渐发现膳食纤维在改善肠道消化机能、降糖降压等方面具有相当重要的生理作用，并被营养学界认定为"第七类营养素"。广东柚通柚美农产品技术研究有限公司的研究团队为迎合市场需求，创新性地发明了一种柚皮膳食纤维及其代餐食品的制备技术，将收集好的柚子皮依次经过清洗削皮、浸泡酶解、脱苦、浓缩分离、低温烘干、微粉碎等特殊工艺制成柚子膳食纤维。该技术可广泛应用于保健食品、发酵乳制品、饮料、肉类加工食品以及烘焙食品等领域。

4.2 技术创新

（1）与现有技术相比，该技术所制备的每100g膳食纤维粉的总膳食纤维含量可高达84.5g，并且原料天然，工艺简单，产品产量高，不仅降低了成本而且产品品质优良，能够满足人体用餐需求及方便快捷地食用，可实现大规模工业化生产。

（2）该技术制备的柚皮膳食纤维粉具有良好的水溶性，该团队还以此为主要原料创新性地发明了柚子代餐粉和柚通茶等保健食品。

4.3 行业与市场分析

据统计，2018年全球膳食纤维市场规模达到174亿元，同比增长7%，其中国内膳食纤维市场规模超过30亿元，这得益于新兴经济体消费升级需求及膳食纤维素的应用得到普及，预计到2025年，全球市场规模将达到240亿元。我国约9 000万人长期受到便秘的困扰，并有为数众多的肥胖人群、高血压患者、糖尿病人及血脂异常者，这些特殊人群均是膳食纤维产品的目标消费者和迫切需求者。

随着柚果种植面积的扩大，柚果的积压问题也时有发生，从而制约了柚果产业的进一步发展。柚果深加工不仅可以解决积压滞销问题，还可以延长产业链，将柚子的生产、加工、销售连接起来，从而提升柚果的经济附加值。

5.蚯蚓养殖菇渣资源化利用技术

5.1 技术简介

我国是食用菌生产大国，据中国食用菌协会统计，2018年全国食用菌生产总量达到3 840万t，产生的菇渣废弃物约为12 510万t，这些废弃物被随意堆放、丢弃，容易产生恶臭而影响生态环境。蚯蚓是一种雌雄同体、异体受精的腐食性土壤动物，它食性广、食量大，并且体内能够分泌多种活性酶用于分解蛋白质、脂肪、碳水化合物和纤维素。蚯蚓既能采食土壤中的细菌、腐殖质，也能消化动物粪便及秸秆等，它每天分解的物质重量相当于自身体重。研究表明，蚯蚓粪具备完美的团粒结构特征，具有高效的生物活性及强大的保水能力，其中的可溶性有机质能在土壤改良中发挥强大的作用，是修复土壤生态系统的利器。利用蚯蚓的这些特性来处理菇渣等有机固体废弃物是一项高效、环保的生物技术，具有重要的经济意义、社会意义和生态意义。但大部分企业是将菇渣直接堆积发酵后用于蚯蚓养殖，直接堆积方法存在发酵周期长、受季节影响大、质量不稳定、占用场地等缺点，需要优化升级。

广东省农业科学院微生物团队研究开发出微生物联合蚯蚓处理菇渣资源化利用技术。该技术通过在菇渣、畜禽粪便中添加特殊的微生物菌种，结合高温快速发酵，配比复配氢、磷等营养原料，不仅提高发酵效率，更能满足蚯蚓快速生长的营养需求。

5.2 技术创新

利用有益微生物发酵后的菇渣养殖的蚯蚓，具有很高的营养活性，蛋白、脂肪含量均接近鱼粉的含量水平，微量元素铁、铜、锰、锌等含量高于鱼粉，有效磷占比高达94%，可以作为优质的饲料蛋白原料。研究表明，该方法养殖的蚯蚓适用于猪、鸡、鱼等多种动物的养殖，具有提高幼崽成活率，改善肉质风味，并且对幼龄动物具有抗病促生长（减抗替抗）及诱食性等作用。

5.3 行业与市场分析

蚯蚓具有惊人的处理菇渣和粪便等废弃物的能力，同时还可以带来很大的经济效益。一亩蚯蚓一年可消纳菇渣、粪便等废弃物500t左右，可产蚯蚓2t，蚯蚓粪可加工成有机肥100t。近年来，随着蚯蚓用途的拓宽，蚯蚓价格也随之上升，每吨超过1.5万元，且供不应求。同时，多功能蚯蚓粪生物有机肥按每吨售价600元计，扣除成本180元，每吨可获利420元。

广州茂佳讯公司使用该技术进行生产，菇渣的发酵周期由原来自然堆积发酵的40d左右缩短到现在的20d左右，不但提高了生产效率，还降低了生产成本。同时，通过添加有益微生物，使菇渣发酵更充分，适口性大大提高，蚯蚓的生长速度显著加快，养殖周期进一步缩短，经济效益明显提升。

随着蚯蚓的多元化利用，其功能价值会进一步提高。蚯蚓的营养价值近似鱼粉，含有丰富的抗菌肽并且具有减抗替抗等作用，可作为畜禽、水产品的饲料。另外，从蚯蚓中提取的蚓激酶、地龙素等活性物质，可作为医药加工企业的核心原料，市场前景良好。

6. 养殖场粪污综合处理技术

6.1 技术简介

广东省现代农业装备研究所相关科研团队经过持续探索和攻关，研发了一种畜禽养殖场粪污资源化利用成套装备，通过把生物技术与工程技术相结合，确立了畜禽粪污生物发酵机械化处理工艺流程，为养殖场粪污和废弃作物秸秆资源等无害化和资源化处理提供设备和技术保障，使畜禽粪污处理实现资源化利用和机械化处理，既能减轻对畜禽养殖场周边环境的压力，又能有效提升粪污资源化处理效率，缩短粪污发酵周期。

基于疫病防控和环保等方面的需要，近年来高床养殖模式得到了大量推广。高床养殖方法是将禽畜养殖舍建成双层结构，一、二层之间的楼板用漏缝板隔开，上层养禽畜，下层铺设木糠等垫料形成所谓的"发酵床"，禽畜个体不直接接触垫料，禽畜粪尿则通过漏缝板落入下一层垫料中，在垫料层中发酵分解成有机肥。

6.2 技术创新

本技术核心为高床养殖技术的垫料专用翻堆系统，包含高床养殖专用垫料翻堆设备、翻堆机换轨车、发酵塔、轮盘翻堆机和链板翻堆机等多种款式的发酵翻堆处理设备及废气除臭设备等。翻堆机利用垫料间铺设的轨道，在养殖舍底层纵横移动，根据生产需要实时对垫料进行翻抛、曝气。本技术的设备及其优点如下：

【9GCFDJ型翻堆机】

（1）翻堆效果好，混料均匀，保证粪便均匀发酵。

（2）沿轨道行走，遥控操作、实现自动行驶。

（3）工作范围大，配套移槽（移位）装置，一机多槽工作。

（4）可以配套养殖舍的通风、垫料曝气及尾气处理系统，保证养殖区内环境空气清洁，确保养殖安全和生态环境安全。

大型养猪场粪污发酵床翻堆机　　　　　　养猪舍外的翻堆机移位轨道

【轮盘翻堆机】

大跨度轮盘翻堆机适用于堆肥生产的槽式好氧发酵工艺，它的跨度根据用户的场地确定，可出槽行走，或换槽翻堆。轮盘翻堆机满足了一般物料发酵过程中的耗氧发酵对氧的特别需求，缩短发酵周期，提高发酵速率，避免温度过高而使菌种死亡，并对物料进行翻堆、搅拌、打散、接种等，实现一机多能。

【链板式翻堆机】

该机适用于堆肥生产的槽式好氧发酵工艺，其采用独特的多齿链板式结构，具有水平移料、运行平稳、翻堆效率高等优点，能进行深槽作业；行走和升降系统采用先进、灵活的液压驱动，并配有菌液喷洒装置。使用该机，能有效缩短发酵周期，提高堆肥质量。

【发酵罐】

标准的堆肥生产工艺包括原料预处理、配料、翻堆鼓风、环境控制等工序，各环节都需要由专业人员进行操控。一些企业由于地理环境的原因，环保要求苛刻，场地小，无法建设工程化的堆肥工厂，若选择发酵罐就可以解决传统堆肥方法存在的辅料多、工艺复杂、占地面积大、废气处理难的问题。

6.3 行业与市场分析

近几年国内开始实施"禁养区"政令，这都源于养殖场污染严重却无可行性的治污方法。与此同时，各地政府与相关业界也不断寻求更理想的治污技术或解决方案。以目前趋势来看，"禁止以水冲洗猪栏"已达成了共识，且各地逐渐实施，要求新设猪场必须建设双层高架猪栏，上层有漏粪板，粪污(粪尿液)漏至下层，再利用刮板刮出后引流集中到集粪池，同时实施雨污分流，从而大大降低污水量。本技术在此基础上创新粪污综合处理技术，在解决了行业问题上有较大作用，市场前景广阔。

7. 规模化猪场废水达标处理后回用技术

7.1 技术简介

目前，我国水资源利用效率偏低，如农业灌溉用水的利用率不到43%。20世纪90年代起我国许多城市开展了污水回用工程建设，提高城市污水利用率。但国内外对污水回用的研究范围主要为城市污水、雨水、海水、工业用水等，对畜禽养殖废水的回用技术及应用研究相对缺乏。

温氏集团研究院环境生态技术中心廖新俤教授团队研发的规模化猪场废水达标处理后回用技术，采用回用和喷灌等方式对经过深度处理的废水进行综合利用，如将部分废水首先经过臭氧、二氧化氯等方式进行消毒，确保水质符合生物安全指标，再回用于冲洗粪沟、栏舍、道路等；同时，充分利用场内外空地规范种植绿化林木（竹柳、无絮杨树等）、青饲料（南瓜、玉米等）等吸污能力强的植物，并铺设喷灌管网，将剩余的废水进行消纳，做到废水"零排放"。

7.2 技术创新

（1）源头减量技术应用。对养殖废水在源头端采用机械干清粪、固液分离、二次隔渣等物理分离技术进行处理，尽可能将废水中颗粒物从源头去除，降低废水浓度。

（2）使用"UASB/USR + 两级AO"废水处理工艺。"UASB/USR + 两级AO"工艺对高浓度N、P养殖废水进行厌氧、好氧生化处理，有效地降低废水中的COD、NH_3-N含量，使废水出水达到《畜禽养殖业污染物排放标准》（GB 18596—2001）及《农田灌溉水质标准》（GB 5084—2005）。

（3）尾水回用自动控制系统研发。采用PLC控制设计系统，将尾水消毒系统、回用水动力控制系统、回用水输送系统及回用水应用系统，通过智能设计形成整套全自动控制系统，对尾水消毒、管网输送、终端利用实现智能控制，节省人力物力、操作简便。

7.3 行业与市场分析

截至2020年，温氏食品集团股份有限公司已有61个猪场长期实施该技术，也在更多的公司逐步推广应用。该技术可有效减缓区域性缺水猪场对清洁用水的需求，确保生产稳定进行，对于有效降低种猪场废水处理系统运行压力，减轻种猪场废水排放压力，具有重要的经济意义、社会意义和生态意义。

8. 茶枝柑果肉微生物发酵综合利用技术

8.1 技术简介

广东省江门新会地区，是中国"陈皮之乡"。2018年新会柑种植面积达8.5万亩，柑果产量超10万t。陈皮是一种具有理气健脾，燥湿化痰功效的中药材，但在陈皮生产过程中，90%的柑肉被废弃，且每年废弃柑肉的数量仍呈上升趋势，废弃的柑肉堆积会造成土壤酸化，对环境造成污染，急需一种新型柑肉废弃处理技术和经济可行的使用方案。

广东药科大学周林副教授团队研发了一种混合菌群定向发酵技术。该技术主要采用复合菌群液态发酵工艺，通过厌氧及好氧发酵，结合中药渣废弃资源，产生具有丰富营养的果肉-中药渣发酵产品，可以用于动物养殖、农作物种植等多个领域。

8.2 技术创新

复合菌群发酵技术是根据发酵底物营养成分、碳氮比等化学成分的特征，选择含有乳酸菌、芽孢杆菌、假单胞菌、热放线菌等复合微生物菌群进行发酵。通过对发酵液中蛋白质、多糖、多酚、黄酮、有机酸等化学成分进行抗氧化活性分析、菌群结构分析，构建从实验室到中试规模再进行规模生产的发酵体系，根据产品使用目的控制发酵终点。该技术除了适合于柑肉、中药渣等底物，也适用于菠萝等滞销水果或农产品加工废弃物。

该技术也是适合于不同应用场景的厌氧和好氧发酵技术。成本常常是影响农业生物技术推广的瓶颈。考虑到农户自用和企业生产等不同模式的需求，研发了适合于个体农户使用的PVC桶或水泥窖池厌氧发酵体系，以及适合企业快速生产的好氧发酵工艺流程，发酵时间分别控制在30d以及3～5d，发酵产品可以达到QB/T 5323—2018植物酵素或T/CPPC 1021—2020动物酵素产品要求。新会陈皮柑肉经混合菌群定向发酵技术将柑肉中的大分子物质转化为更易为鸡鸭鹅猪等动物摄入的单糖、氨基酸、寡肽等小分子物质，其中酵母菌、乳酸菌等益生菌能刺激牛、羊瘤胃纤维分解菌群，改善胃肠功能，提高畜禽的免疫力。肉鸡养殖实验结果表明，实验组肉鸡出栏重量较对照组增加，料肉比降低，死亡率降低。

8.3 行业与市场分析

广东省是农产品生产和消费大省，保障农产品质量安全是重要的民生问题，也是贯彻落实乡村振兴、质量兴农的产业需要。从质量安全的角度开展全链条农产品质量安全风险评估与预警技术研究，抓住关键控制点，最终形成可直接指导安全生产的系列成果，并制定系列科普宣传材料，在生产基地和农户中进行宣传示范与应用，有助于将农产品质量安全从多年风险监测"被动监管"的单一模式转变为与提供解决途径相结合的"主动保障"模式，可全面提升广东农产品质量安全的保障能力，为助力农业产业发展向"提质增效、减量增收、绿色发展"的目标转型升级提供有力的技术支撑。推进新会废弃柑肉资源有效利用，改善环境是贯彻落实党的十九大重要战略部署，是破解农业农村突出环境问题、实施乡村振兴战略、建设生态文明的必然选择。新会柑橘果肉主要来源于陈皮厂的陈皮制作和加工过程，在陈皮加工作业中，每年大概可产生10万t废弃柑肉，对于这些柑肉的回收处理方式通常是倒入自家鱼塘，直接填埋或者交给环保公司按照每吨160～200元的价格进行回收处理，这些处理方式经济效益较低。截至2020年1月1日，广东省新会地区柑肉年产量为12万t，有效利用率约为21%，应用本技术发酵处理后按每吨发酵原液产品2 000～2 500元估算，可以增收2亿元以上，如果综合考虑对于下游种养殖企业及环境等影响，则产生的经济价值可以进一步放大至几十至数百倍。项目团队采用"混合菌群定向发酵技术"助力新会废弃柑肉处理，已完成了3t产品的中试生产。将柑肉转化成高效益的微生物发酵产品，在绿色生产的同时，能创造附加经济价值；还可以优化新会陈皮副产业结构，改善当地种植环境；也能为周边养殖企业提供优质的微生物发酵产品。该技术的实施也可使龙头企业通过"农户＋公司"的方式，带动农民就业，在实现农民、企业增收的同时，也能为人和环境的和谐共存作出新的探索。相关技术也可以用于其他农业废弃物产品的开发。

9. 一种基于填料和折叠板的废水生物膜反应器技术

9.1 技术简介

中国是水产养殖、消费第一大国。在水产养殖中，养殖水体的水质占整个养殖的权重全球大约为50%。养殖水体中氨氮、亚硝酸盐含量是影响养殖业发展的重要的限制性因素。高效生物脱氮，不但能提高养殖效益，而且可减轻尾水处理的负荷。养殖尾水治理是我国水产养殖行业亟须解决的问题。华南理工大学浦跃武副教授团队研发了一种基于填料和折叠板的废水生物膜反应器技术。该技术采用折叠曝气技术，能高效去除养殖水体的氨氮、亚硝基态氮，也可应用于尾水治理。

9.2 技术创新

（1）溶氧效率高。在折叠曝气过程中，循环泵将污水抽提至布水槽，均匀分布到人工生态膜上。水流在人工生态膜上流过，空气中的氧气通过水流表面溶解于水中。水流经上一级折叠板，跌落至下一级折叠板，形成了跌水曝气，将空气中的氧气溶解于水中。如此重复，水流经最后一级折叠板，跌落入水池，循环泵再将污水抽至布水槽，形成了折叠曝气。由于氧气是难溶气体，在折叠曝气过程中，空气几乎是无限量自然供应，动力消耗仅为循环泵，因此提高了溶氧效率。

（2）脱氮效率高。由于人工生态膜中好氧、兼性、厌氧三层结构的存在，各层中溶氧、pH、温度梯度变化相对稳定，各层的生物量也相对稳定，为硝化、反硝化提供了良好的条件。在生物脱氮过程中，碳源是限制性因素之一。菌体自溶、厌氧消化产物为反硝化提供了丰富的碳源。此外，藻类能高效地将空气中的CO_2、厌氧消化产生的CO_2转化为有机碳。人工生态膜三层结构中厌氧层相对稳定，在此层中，厌氧氨氧化能将氨氮直接转换为氮气脱除。折叠曝气的人工生态膜，其生物多样性比活性污泥、厌氧污泥更丰富，脱氮效率更高。

（3）设备简单、操作方便、适用面广。该设备结构简单、模块化程度高，容易加工、运输、安装，操作方便。该设备可用于海水、淡水养殖水体的脱氮以及尾水治理，也可用于分散式污水处理。

技术所获证书

9.3 行业与市场分析

2020年我国海水养殖面积为2 990万亩，淡水养殖面积为7 560万亩。按每亩养殖水体尾水治理投资0.5万元计算，市场总容量为海水养殖1 495亿元、淡水养殖3 780亿元。如果市场占有率为1%，则能达到52.75亿元的产值，市场前景非常广阔。

10. 茶园废弃生物质基材料关键制备技术

10.1 技术简介

2020年广东省茶叶种植面积117.2万亩，据不完全统计，全省每年茶园废弃生物质资源总量超过25万t，存在资源浪费、焚烧污染和利用粗放等问题。中国耕地重金属污染物主要为镉与砷，因重金属污染每年农作物减产1 200万t，直接经济损失超过200亿元，并带来巨大的健康风险。传统重金属钝化技术如物理化学法和客土法等存在对土壤结构破坏性大、难以实现大面积污染土壤有效治理等问题，尤其是对于农业生产土壤；而植物修复法则存在修复周期长、修复效率低等问题。

广东省科学院生态环境与土壤研究所研发了一种茶园废弃生物质基材料关键制备技术及其在土壤修复中的应用技术。该成果从基础理论、关键技术和设备等方面进行系统研发，创建了茶园废弃生物质制备铁基生物炭系列材料的关键技术；提出了茶园废弃生物质改性新方法，创建了具有提高土壤肥力、钝化重金属等功能性复合材料的制备方法；研发了铁基生物炭，成为农业农村部第一个具有钝化镉、砷功能的土壤调理产品，开发了铁基生物炭系列材料工艺过程控制系统，建立了茶园废弃生物质资源综合利用技术体系。

10.2 技术创新

（1）流程简单、成本低。茶园废弃生物质制备的铁基生物炭性质稳定，生产工艺流程简单，易于产业化，成本低于同类产品。

（2）不同土壤采用不同配比。针对不同用途耕作土壤，改变铁基生物炭的施用配方和比例，能显著降低污染土壤中重金属的吸收积累，达到农业安全生产目的，并实现污染土壤的边治理、边生产。

（3）改良土壤、提高产量。茶园废弃生物质制备的铁基生物炭均为土壤友好型材料，对土壤本身的土质结构具有改良作用，能提高农作物产量。

10.3 行业与市场分析

茶园废弃生物质的高值化和环境友好型利用可获得经济和环保双效益，符合国家发展战略性新型产业政策，具有重大战略意义。我国耕地土壤重（类）金属点位超标率19.4%，农产品（稻米、叶类蔬菜）超标率10.3%，污染物主要为镉与砷，如果开发出土壤友好型调理剂，钝化土壤中的重金属，降低农作物对重金属的吸收，可以带来巨大的经济效益、社会效益与生态效益。茶园废弃生物质高值化环境友好材料的创制打通了一条生物质高效利用的技术途径，经济效益明显，对实现农业可持续健康发展，改善环境具有重要意义。通过研制新型土壤友好型铁基生物炭，修复被重金属污染的土壤，可在钝化土壤重金属的同时降低农作物对重金属的吸收积累，从而生产出安全合格的农产品，有效提升我国农产品的国际竞争力。

11. 农业废弃物生物高效处理及资源化再生利用成套技术

11.1 技术简介

有机废弃物是我国主要环境污染源之一，据统计每年我国畜禽粪污可达38亿t，综合利用率不到60%。有机废弃物中蕴藏着丰富的资源，未实现资源化利用也是一种浪费。好氧堆肥是实现废弃物无害化处理与资源化利用的良好技术，以此生产有机肥符合我国化肥减量政策，是实现生态环境治理的良好途径，但该技术在应用中仍存在诸多问题。

广东省农业科学院农业资源与环境研究所顾文杰研究员团队研发了农业废弃物生物高效处理及资源化再生利用成套技术。该技术主要针对农业废弃物的无害化处理与资源化利用，核心技术包括堆肥臭气减排及末端治理、堆肥物料微生物定向降解、好氧发酵新工艺及多元化产品开发等。该研究团队针对好氧堆肥处理效率低、臭气释放严重、产品单一等技术瓶颈开展基础研究、关键技术攻关和技术集成创新，总结形成一套高效环保的好氧堆肥技术模式，有效提升废弃物资源化利用和功能微生物肥料产业化水平。

(11.2) 技术创新

（1）减少氨气和硫系臭气产生。耦合化学和微生物除臭技术可大幅度减少好氧发酵过程中氨气和硫系臭气的产生，氨气累计释放量减少60%以上，硫化氢、甲硫醚、甲硫醇、二甲二硫累计释放量减少分别超过30%、80%、30%和50%。该技术基于除臭微生物的生物滤池专用除臭技术，将复合微生物菌剂、植物提取液和表面活性剂三者结合，实现好氧发酵，氨气、硫化氢和挥发性有机物总去除率超过95%。

（2）技术模块化、标准化。该技术联合自主筛选的木质纤维素降解菌、耐高温除臭菌等功能微生物定向降解技术及槽式发酵回旋式分段曝气、臭气收集和处理方法等工艺，形成高效、环保、节能的模块化、标准化好氧堆肥技术，比传统工艺发酵时间缩短5～8d、能耗减少30%。

（3）研制了多元化生物有机肥产品。结合具有自主知识产权的多种广谱性生防菌、植物促生菌，研制生物有机肥、复合微生物肥料等多元化产品，大面积应用于蔬菜、瓜果等作物，形成有机肥替代化肥、耕地质量提升的栽培模式。

有机废弃物处理系列产品

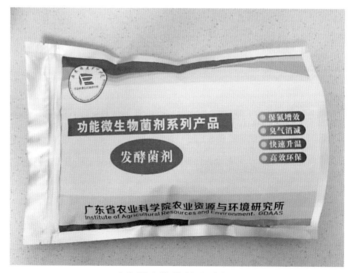

功能微生物菌剂系列产品

11.3 行业与市场分析

我国有机固体废弃物的有效利用率很低，大量的畜禽养殖废弃物未得到处理即排向周边环境，造成了严重的环境污染。本技术解决了无害化处理过程中的臭气处理、高效发酵工艺等共性关键技术和难题，该处理技术不会产生二次污染，成本低，投资小，设备自动化程度高，有利于促进有机废弃物资源化利用水平。开发出来的多元化有机肥产品及产品应用推广工作，提高了农民对有机肥的认识，有效地推动了有机肥替代化肥的行动，在改良土壤的同时提升了产品的品质，促进农业增产农民增收，对环境保护、发展绿色农业、保证粮食安全具有重要意义。

第五章 智慧农业与装备

1.水肥一体化集成技术

1.1 技术简介

规模化种植已经成为我国农业发展的必然趋势，而落后的灌溉和施肥技术是限制规模化种植发展的主要障碍之一，特别是一些山地种植的果园，灌溉和施肥不均匀、作业难度大、人工成本高、灌溉系统寿命短等问题更为突出。随着农村务农人数不断减少和老龄化不断加重，人工成本快速攀升，使种植业的成本明显增加。而且不合理的灌溉和施肥方式造成了肥料和水资源浪费，导致环境受到严重污染，这些问题已引起政府部门和社会各界的广泛关注。

为了解决以上问题，华南农业大学科研团队经过多年的潜心研究，研发出适用于不同区域、不同作物的灌溉施肥设备和方法，集成简单、实用、高效的水肥一体化技术体系；研制系列悬浮液体肥料和清液型液体肥的配方及制备技术，研发全套液体肥料生产工艺；构建基于土壤、植株、水体和肥料养分快速测定的精准施肥技术服务体系并研制出便携式养分速测设备；建立了液体肥料加肥站和大田配肥站。水肥一体化集成技术涵盖全套液体肥料生产技术、便携式养分速测技术、精准施肥技术服务体系以及液体肥料加肥站和大田配肥站模式，技术上已达到国际领先水平。近年来该团队共获得授权专利18项，获广东省农业技术推广奖一等奖2项，广东省科技进步奖二等奖1项。

1.2 技术创新

（1）应用范围广。从几亩土地的小面积到几万亩的大面积都可以使用该技术。

（2）省力省工。所有灌溉和施肥工作都通过水肥一体化系统完成，节省了大量劳动力。

（3）施肥精确。依据作物的养分和水分需求规律，将养分和水分精准供应到作物根区，提高了养分利用率，减少了肥料和水的浪费。通过土壤和植株养分速测箱现场测定各项指标便可现场测定结果，根据测定结果便可及时提供科学合理的施肥依据。根据土壤、作物的养分需要状况，在液体配肥站现场配制液体肥并配送到田间的灌溉设备。由自动化施肥机将液体肥料或者水溶性肥料注入灌溉管道，实现定时、定量的精准施肥。还可以通过手机终端操控施肥时间和用量。

（4）节省成本。通过合理设计和安装的水肥一体化系统可以使用多年，总体成本较低，还可大量节省肥料、人工、水电和管理等成本。

（5）生产标准化。水肥一体化系统进行灌溉和施肥可为每一株作物提供均匀的水肥，可避免因人为操作不当造成的各种问题。

水肥一体化灌溉施肥系统

1.3 行业与市场分析

应用水肥一体化集成技术将大幅度节省种植大户的人力成本。该技术具有设备简单、实用、易操作、成本低等优点，将会被越来越多的种植者所认识、接受和使用。伴随着种植业规模化发展不断深入以及劳动力越来越短缺，很多种植户会自发地寻求这种自动化程度高的灌溉施肥技术，因而市场潜力巨大，而且该技术符合国家节能环保产业政策，生产工艺便捷，易形成规模化生产，经济效益和社会效益较为显著。

2.果园高架作业技术

2.1 技术简介

我国南方果园多处在丘陵山地，地形复杂、机耕道狭窄，果园劳动如采果、修剪等作业基本上以人力劳动为主，即便是近几年出现的果树电动短剪、气动短剪等果树修剪机械，对顶端的枝叶修剪依旧比较困难，达不到理想的管理效果，从而制约了现代果品生产规模化和标准化的发展。

广东省相关单位经多年实践与积累，成功研制了一种适合南方丘陵山区的果园辅助果实采摘和树枝修剪的高架作业机，其采用履带式底盘行走机构，具有良好的稳定性能、越障能力和较长的使用寿命，适合在崎岖的地面上行驶，果园作业通过性强；该机器还配备载人高架作业平台，在一定高度内可通过液压系统实现调平、升降和角度调整，以适应果实采摘、果树修剪与果实运输等作业的需要，从而有效地解决了南方果园生产人工作业效率低、劳动强度大、安全性差的问题，对于提高广东省果园管理的机械化水平有着重要的意义。

2.2 技术创新

（1）机器底盘采用履带式行走机构，整机通过性强，作业稳定可靠。

（2）可在地面或平台上操作，采用独特的转向操作机构，无论前推还是后拉推动杆，转向动作都比较灵活，操作失误率低，使用更加安全。

（3）采用液压升降装置，高架作业平台可通过实时控制台，实现平台的调平、升降和角度调整。

（4）可以一机多用，完成果园摘果、果树剪枝、果树疏花等多种作业，设备的综合利用效率较高。

技术设备

2.3 行业与市场分析

以荔枝果园为例，采用纯人工采摘作业3个劳动力一天可完成1亩的采摘，作业成本超过450元，而采用该项目研发的高架作业装备辅助作业，每台机械每人每天可作业2亩，每亩成本仅100元左右，每亩可节约成本300多元。2018年广东省果园面积约1 800万亩，如20%的面积采用高架作业装备，每台机械每人每天可作业2亩，一年工作200d，需要约9 000台，该机的推广应用前景广阔。该装备可以减轻农民的劳动强度，节省劳动力，单片区域内万亩果园每年可节约劳动力2万个，每人每天劳动力报酬按200元计算，可减少劳动力投入超过400万元，有利于促进广东省丘陵水果种植区经济的发展，特别是对广东省粤东、粤西和粤北较贫困地区水果种植区果园管理机械化发展具有重要意义。该技术可以提高生产效率，大大减少大量熟果因来不及采摘而腐烂变质造成污染环境的问题，也提高了果树剪枝、果树疏花等果园田间管理作业质量，使果园丰产、稳产，实现可持续发展，生态效益明显。

3. 蔬菜根际水肥智能管控技术

3.1 技术简介

"有收无收在于水，收多收少在于肥"，水分和养分是农作物生产过程中最大量的农业投入品，也是决定作物产量和品质的最重要因素。水肥一体化技术将灌溉与施肥技术融为一体，根据作物生长发育需要适时适量灌溉和施肥，较好地发挥水肥耦合作用，在作物节水节肥、减轻劳动强度及改善农业生态环境中起着重要作用。但是大多数水肥一体化技术仍凭经验进行粗放管理，水肥投入总量不合适、投入时期不对等问题依然存在，无法做到水肥的高效管理，容易造成水肥流失浪费，同时影响作物生长。为此，在应用水肥一体化技术的基础上，亟须建立起一套新型的与作物生长发育需求同步的根际土壤水肥智能管控技术体系，将根际土壤的水分和养分精准调控到一个理想的范围内，达到实时调控根际土壤的灌水量、施肥浓度和施肥量的目标，实现根际土壤水肥供给的数字化精准管理，创造出良好的根际土壤生态环境，充分发挥水肥耦合的作用，为作物水肥高效利用提供良好的技术支持。

根据蔬菜生长对根际水分、养分及其相关指标的要求，广东省农业科学院蔬菜栽培团队运用先进的传感技术和智能调控技术，采取数字化、智能化管理和调控技术进行精准灌溉和精确施肥，实时调控根际土壤水分和养分含量，构建适宜蔬菜生长发育的根际微生态环境，充分发挥水肥耦合作用，达到节水节肥、提高产量、改善品质的目的。

3.2 技术创新

（1）应用测墒自动灌溉技术精准灌溉。在根际水分管理方面，该技术开发了应用土壤墒情传感器等智能灌溉的设施装备，通过监测作物根层土壤具有代表性的墒情指标，在掌握土壤墒情动态变化的基础上，建立起实时监测调控土壤墒情的测墒自动灌溉装置。该技术形成了一套水资源高效利用、调控作物生长发育的测墒自动灌溉技术体系，解决了作物根际水分调控和精准灌溉的关键技术问题。

（2）应用养分智能管控技术精确施肥。在根际养分管理方面，该技术提供了一种实时调控根际土壤离子浓度和灌溉水离子浓度的根际养分智能管控装置。该装置以水肥一体化的动力施肥装置为基础，采用可变频驱动的定量泵为施肥泵，在根际中安装探测离子浓度的传感器，将根际土壤监测的离子浓度实时信号作为变频驱动施肥泵的指令，实时调控根际土壤的施肥浓度和施肥量，实现水肥供给与作物生长需求同步的数字化管理。

所获证书

3.3 行业与市场分析

一般蔬菜种植浇水大多采用漫灌的方式，加之化学肥料的不科学使用，导致了土壤板结、盐分积累、盐渍化程度明显加重。水肥一体化滴灌技术能够很好地解决了这一难题，且在合理利用水肥资源、改善土壤环境的同时，节省了水和化肥的使用以及劳动力的投入，提高了蔬菜的产量和品质。随着我国国民收入的提高，人们对健康有了新的认识，对蔬菜的需求量逐年上涨，但蔬菜种植面积并没有增加，这归功于现代化科学技术的应用，同样也说明了本技术市场应用前景广阔。

4.小型开沟机施肥覆土作业一体化技术

4.1 技术简介

施肥是果树种植期的重要环节，影响着果实的产量和品质。一次施肥过多容易烧苗、烧根，因此需要多次追肥，比如香蕉一个周期要追肥12～15次。果园施肥机械化程度低导致了水果生产成本高，果农劳动强度大的问题。南方丘陵山区中有较多的果园，作业环境复杂，无法使用大型施肥装备，急需多功能一体化的小型施肥机械。开沟施肥是果园中常用的施肥方式，但常见的开沟施肥机将开沟、施肥和覆土作业分三次完成，工时长，作业效率低。因此需要开发结构小巧，操作方便，作业流程集成化的开沟、施肥、覆土一体化技术。

小型开沟机施肥覆土作业一体化技术紧密结合现实需求，服务于丘陵山区农业机械化与智能化，结合开沟施肥覆土一体化技术，研制了小型开沟施肥机，并进行应用和推广，取得良好效果。

4.2 技术创新

（1）简化工作部件结构。通过轻量化设计，利用开沟、施肥、覆土部件的工作时间差和相对空间位置，优化开沟施肥作业方式，简化工作部件结构，实现开沟、施肥、覆土一体机小型化、轻简化的目标。

（2）提高通用性，降低成本。采用具有开沟和覆土功能的刀盘和引导土壤运动方向的覆土箱，刀盘采用市场应用广泛的刀具，刀盘强度高，刀具更换方便，维护成本低。施肥部件主要由料斗、排肥器和导肥管组成，排肥量可调，并可在后期升级为精准排肥系统，提高了机器的通用性。

（3）减少重量、操作灵活。设计有左右驱动离合机构，通过安装在扶手处的手柄即可控制离合，实现差速转向，转向半径小，可在狭小地块空间内灵活转向。通过蕉园试验证明，该技术可高效完成开沟、施肥、覆土一体化作业，简化了开沟施肥机机械结构，降低了整机重量，能较好地完成开沟、施肥、覆土作业。

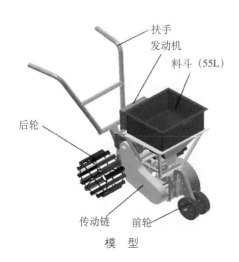

模　型

实物图

4.3 行业与市场分析

2021年中央1号文件提出，要加快推进农业现代化，强化现代农业科技和物质装备支撑，提高农机装备自主研制能力，支持高端智能、适合丘陵山区的农机装备研发制造。此外，国家"十四五"规划和2035年远景目标纲要中多次提到农业装备，并提出发展丘陵山区农业生产高效专用农机，由此可见，接下来的5～15年，南方丘陵山区农业机械将迎来一个蓬勃发展时期。

我国南方拥有大面积的耕地资源，但这些耕地的大部分却散布在丘陵山区之中，耕地碎片化，其中较多为水果种植区，作业环境复杂恶劣导致了这些区域农业机械化程度普遍偏低，急需提高其机械化、智能化水平，市场需求强烈。该技术研制的开沟施肥机在丘陵山区环境中适应性强，操作方便，可快速升级维护，具有较高的实用性和推广价值。

5. 重要经济作物生态全营养栽培管理技术

5.1 技术简介

传统茶业生产经营分散，规模较小，水、电、路配套设施不齐，大部分的茶叶生产，多以家庭为单位，茶农独自生产经营，生产分散无序，没有形成集约生产规模效应。同时，由于缺乏专业种植技术指导，导致茶叶生产管理粗放，加工技术水平不高，产品容易出现滞销。这种状况在蔬菜、果品生产领域也较为常见，亟须提质增效，提高商品的经济价值。

海峡两岸农业发展研究院与华南农业大学共同研发了重要经济作物生态全营养栽培管理技术。该技术是一套科学管护农作物生产的程序，它以植物生理学、生态学、遗传学与植物营养学等为理论基础，以自主研发的微生物碳源肥（国家发明专利ZL201910482565.0）作为叶面肥，配合有机、无机肥料的科学使用和水分管理，以绿色防控作为植物保护的主要措施形成的一套科学、有效、安全的作物生产技术体系。

5.2 技术创新

（1）自主研发的碳源肥。该肥料的主要有效成分是小分子有机酸和有益微生物次生代谢产物，可被作物直接吸收后参与作物的生化过程，若科学搭配有机肥或者化肥，可以满足作物不同生长阶段对全营养元素的需求，增强光合效率，促进作物生长，达到提质增产的效果。

（2）提升作物产量和品质。通过对10类作物的试验，该技术效果显著。应用于茶叶生产可使茶叶发芽密度高、整齐，叶片油亮厚实，持嫩性好，不易老化，产量高，亩产可增加60%～90%，茶叶水浸出物、茶多酚、茶氨酸、茶多糖等有益成分显著提高，品质大幅提升；应用于蔬菜生产，可以显著增产15%～20%，蔬菜的蛋白质、氨基酸、维生素C等营养物质含量增加，提高了蔬菜的营养价值，且能大幅度提高蔬菜的抗逆能力；应用于水果生产，可以增产10%～60%，果实的维生素C、蛋白质、氨基酸含量提高，酸性物质、单宁等含量降低，果实的糖酸比提高，营养价值和口感均得到大幅提升；应用于烟草生产，可增产超过16%，烟叶中总氮、总钾、总植物碱含量均得到了提升，提高了中上等烟叶的产量和品质。

5.3 行业与市场分析

该技术具有便利和经济环保的特点，一方面可以实现弹性管理，农户可以根据作物的种类和市场效益调整栽培管理措施，操作方便可行；另一方面果蔬等农产品增产明显，品质优良，符合绿色无公害标准，不仅可以节省农药化肥成本，提高种植成功率，还可以显著增加农户收入，为农民创造价值。

通过该技术还可以获得较好的经济效益，以石阡县知青茶场为例，最初该场近200亩茶园，一年仅采摘1季。成品茶产量仅为8 000kg。采用生态全营养栽培管理技术之后，该园一年可采4季茶，鲜茶产量约9万kg，成品茶可达2万kg。同时推广示范该技术后，茶园亩产值从2 000多元增加到20 000多元，而且收获的茶叶质量与对照区相比也得到了明显的提高，茶叶的苦涩味显著减轻，茶品质量得到提升。

6. 山地果园智能化单轨运输技术

6.1 技术简介

中国是一个水果生产大国，水果业是促进农业增效、农民增收、乡村振兴的重要产业。发达国家的水果生产区域相对集中，果园规模较大，机械化程度较高，规模效益明显；与之相比，我国由于地少人多、耕地面积不足，柑橘、荔枝、龙眼等南方水果大部分种植在丘陵山地，拖拉机、卡车等传统运输设备难以在山地果园中实施运输作业，生产中所需的农资商品和采摘收获的果品皆以人力运输为主，生产效率很低。为推进我国丘陵山地水果产业供给侧结构性改革，提高劳动生产效率，促进南方水果产业提质增效，迫切需要提高岭南特色水果生产的机械化水平。其中，运送技术的机械化水平制约着其他作业环节的机械化发展进程，运送技术与装备成为首要解决的热点问题。

国家柑橘产业技术体系机械化研究室从2009年以来，在国家公益性行业（农业）科研专项经费、广东省公益研究与能力建设资金等项目的支持下，对山地果园单轨运送装备进行了深入和细致的研究。该研究室的华南农业大学团队以高效环保、智能控制、安全稳定为目标，充分融合电力驱动与单轨运送技术优势，创新双链路传动、遥控定位、防碰撞避障等关键技术，研制出适合我国山地果园作业的电动单轨运输机。该装备主要由运输机、货运拖车和轨道组成，运输机和货运拖车均骑跨在轨道上方。相关研究成果已获授权发明专利10件，其中山地果园索轨运送技术与装备领域专利3件。

6.2 技术创新

（1）高效环保。整机以蓄电池或轨道供电为能源，节能环保；设计了结构紧凑及拆装方便的自动变挡机构，实现运输机快速变挡；利用融合链传动的高效性和蜗轮蜗杆传动的自锁优势，设计了双链路传动系统，从而提高了运输机的机械效率，突破了大坡度运送和高运载量的技术瓶颈。

（2）智能控制。研制了车载控制装置与遥控装置，可实现运输机实时启停、加减速控制、限位停车等功能；提出了基于超高频RFID的在轨位置感知方法，构建了基于双射频信号的定位模型，实现运输机精准定位。

（3）安全稳定。研制了超声波避障装置，提高了作业的安全性；设计了机械式防碰撞安全机构，实现运输机与障碍物接触后快速制动，提高了作业的稳定性。

技术装备

6.3 行业与市场分析

针对我国果园生产机械化落后的现状，国家出台实施了解决"三农"问题的惠农政策，增加了农户购机补贴，调动了农户购置农机的积极性，果农对山地果园生产机械的需求与日俱增。实施山地果园机械化的首要目标是实现运送装备的机械化。受山地果园地理条件限制，普通轮式或者履带式拖拉机不适宜在坡度较大的山地果园中作业，因而需要研发适用山地果园地理条件、可靠耐用的新型运输机械和货运系统。单轨运输机具有爬坡能力强、转弯半径小、可靠性高、安全性好等特点。该机有利于提高劳动生产率，降低劳动强度。

在相关项目的支持下，国家柑橘产业技术体系机械化研究室华南农业大学团队研制并成果转化的系列单轨运输机，已在南方5个省份的丘陵山地果园和茶园试验示范与推广应用了3千套单轨运输机，应用面积2 700亩，综合经济效益达4 965万元。采用该装备运送物品的工效是人工的13 ～ 16倍，节省人工费用约80％。电动单轨运送装备技术的应用，引导了更多从事水果产业的人士认识到新型农机的重要性，从而吸引更多企业家从事水果产业的规模化与标准化生产，吸引年轻人从事机械作业的体面工作，以先进科技带动农业经济发展，为将来"谁来种果、谁来耕山致富"提供了一种解决方案。

7. 果园智能除草机器人技术

7.1 技术简介

南方丘陵山区适宜林果种植，但由于地形条件复杂、可利用地块分散、道路条件差等导致大型机械应用比较困难，除草难、效率低、劳动力短缺等问题日益凸显，传统人工生产模式存在的各种问题严重制约着林果产业的发展。广东省现代农业装备研究所围绕山区林果除草薄弱环节展开关键技术装备研究，成功研发了"果园智能除草机器人"系列产品，从而有效提升了南方林果农业机械化水平。

7.2 技术创新

果园智能除草机器人技术集智能路径规划、果树与杂草识别定位、混合动力驱动、地表仿形等多种功能于一体，相比同类技术具有以下几方面的优势：

（1）突破行走装置的仿形自适应技术，保证履带行走装置与地面的有效附着性能，提升了爬坡能力。

（2）通过将空间、色彩和高光谱等多传感器信息进行整合构建了树干和杂草信息知识库，建立了基于果树、杂草形状、纹理和颜色等信息的深度学习方法，适用于复杂环境的目标识别和定位。

果园智能除草机器人

（3）通过地形环境的模型重构和规划算法的优化，解决了近果树区域存在除草范围边沿不规则，果树枝叶庞杂，常规路径规划方法不适合的问题。

7.3 行业与市场分析

据调查，采用人工除草平均每3个人一天可完成2亩地的作业量，作业成本在225元左右，而采用智能除草机器人作业，每台机器每天可完成45亩（按每天作业6h计），每亩作业成本40元左右，机器作业较人工除草作业每亩可节约成本超过180元。以2018年广东省1 800万亩果园为例，如5%的面积采用智能除草机器人管理，每年除草3次，可节约资金近5亿元，经济效益显著。而且与化学除草剂相比，使用智能除草机器人可以减少环境污染，改善生态环境，具有较好的生态效益和社会效益。

8. 温室大棚智能化长跨搬运及输送技术

8.1 技术简介

随着农业从业人口老龄化的现象日趋严重，如何解决务农劳动力不足已成为我国面临的重大课题。另一方面，现代化温室大棚生产技术已在我国许多地区得到广泛应用，将处理好的作物或生产资料输送至特定区域，是现代化温室大棚生产中的重要环节。而温室大棚中作物的输送方式主要采用人力搬运，不但费时费力，而且劳动效率低下。

为了更好地解决上述问题，以华南农业大学相关科研团队为技术依托，开展了一种温室长跨搬运技术的研发，目的在于研发出一种在温室内进行作物或生产资料机械搬运的输送设备，该设备实现了水培叶菜栽培槽、育苗移动苗床等生产资料的自动化输送，有效地解决了劳动力缺乏、生产率低下的问题，对我国设施农业现代化、机械化和智能化进程起到了较大的推动作用。

8.2 技术创新

（1）该装置设计有高、低两种速度模式，可满足温室大棚内不同距离、不同时间的需求。

（2）通过该输送装备的操作控制器，可灵活实现搬运装置的行走、升降、搬运、换跨等多种方式的操作和切换。

（3）通过该装置专利设计的搬运叉自动旋转机，可实现搬运叉在非搬运工作状态下旋转至收回状态，节省栽培槽的布置间距，提高了种植利用率。搬运叉还可以针对种植区任意位置的栽培槽进行放置，有较强的灵活性。

输送设备

8.3 行业与市场分析

近年来中国的设施园艺作业得到了快速发展，温室大棚面积迅猛增加，为消除冬春淡季的蔬菜供应不足、丰富供应品种做出了重要贡献。设施园艺属于资金、技术和劳动力密集型产业，但受城镇化进程和人口出生率等因素的影响，农村人口持续减少、老龄化现象严重，劳动力成本逐年上涨，比如蔬菜生产的劳动力成本已经占到生产成本的一半以上。设施园艺产业雇工难、用工贵等问题愈发严重，严重制约着设施园艺的健康可持续发展。

由于水培叶菜生产周期短、周转快、经济效益高等优点，设施栽培生产规模也在不断扩大。传统的水培叶菜生产方式为固定式，即种植叶菜的栽培槽固定摆放在温室的种植区内，工人需在种植区进行种菜和收菜，工作效率低下；且自动化的生产方式大多是将种菜和收菜在作业区内完成，由自动化的输送装备将栽培槽在作业区和种植区间进行输送，这种方式只能按顺序送入和取出，具有一定的局限性。本项目设计的一种长跨搬运装置，可实现栽培槽在作业区和种植区间的智能化自动输送，并能够实现将栽培槽在任意位置放入和取出。本技术不但可应用在水培叶菜生产中，还可逐步在设施栽培蔬菜以及花卉生产中的大型苗床上推广应用。

9. 基于物联网的农业环境监测控制技术

9.1 技术简介

"农业4.0"的时代已经到来，将技术切入农业生产管理领域，更多的机械化、自动化、信息化技术应用于农业生产中，可有效提高农业生产的效率和质量，加速了农业信息化的发展，给农业经济带来了新的希望。以物联网信息技术为支撑，依托无人机、自动化农机、智能滴灌等设施实现精准管理，构成了智慧农业这种全新的农业生产方式与生态系统。在如何加快实施推进农业现代化建设的举措上，广州海睿公司的科研团队开展了以智能化种植管理需求为出发点的技术研发，研究整合了多传感器信息采集、低功耗无线网络传输、Web/App开发等多种物联网技术，用于不同区域场景、不同作物的物联网农业环境监测控制系统，为现代农业问题提供了新的解决方案。

物联网农业环境监测控制系统包括感知层、网络层、应用层三大架构：

【感知层】综合利用多传感器融合感知技术、自动控制技术以及无线视频监控技术，实现对设施农业环境信息、土壤信息、苗情信息、电磁阀状态、视频监控、生产管理等信息的感知。

【网络层】系统结构的网络层以TCP/IP通信标准系统通信为基础，通过LoRa无线传感网络、4G/5G无线网络、有线宽带网络等多种通信网络相结合的方式实现各种信息的有效传输。

【应用层】搭建设施农业种植管控系统软件，提供环境监测、视频监控、设备控制、节水灌溉、统计分析、农技知识、质量追溯系统管理等功能。

该系统可实现两大功能：①通过在农业生产场地布置该系统的智能感知硬件设备，实时监测气象、土壤、水质、病虫害等环境状况及作物生长情况，实现农情信息、生产过程的远程实时掌控；②通过安装智能电气控制柜、智能水肥一体化灌溉设备等"农智控"系列设备，实现灌溉、施肥、卷帘、调温、通风、补光等远程智能控制，系统集成作物种植模型、精准环境监测、实时视频监控等功能，实现农业生产的智能自动控制和精准种植管理，最终达到节约生产成本，减少化肥、农药的使用量及水资源的浪费，提高农业生产效率和经济收益。

9.2 技术创新

（1）高性能、低功耗、大规模组网。采用LoRa通信技术和自主研发的无线通信协议，物联网监测终端与传输终端之间可以形成大规模的自组网，实现大范围内的多点监测，具有高性能、低功耗、大规模组网等特点。

（2）高精准数据采集。系统采用高精度传感器，远程在线采集土壤墒情、酸碱度、养分、空气信息等，实现墒情（旱情）自动预报、灌溉用水量智能决策、远程自动控制灌溉设备等功能，最终达到精耕细作、准确施肥、合理灌溉的目的。

（3）智能模型管控。将环境监测、调控系统与作物种植模型紧密相连，采用人工智能算法，可以对作物生长环境信息进行处理分析，提供自动化、智能化管理调控措施。

（4）生产安全溯源。系统集合生产环境监测、智能控制作业，记录生产农产品质量安全追溯信息，实现设施农业生产产品质量溯源。

9.3 行业与市场分析

在国家深入推进农业供给侧结构性改革、实施乡村振兴战略的大背景下，政府通过专项政策及资金鼓励，支持下游农业企业、合作社、家庭农场应用农业物联网技术，并大力引导农业物联网与农业电子商务、食品溯源防伪、农业信息服务等领域融合。

在农业场景中应用物联网农业环境监测控制系统，利用机器代替人力，可实现设备远程操控，以数据指导生产，使农业更具"智慧"，高效解决了农业生产管理的问题，同时也加快升级现代农业产业体系、生产体系、经营体系，最大限度地保护农业生态环境，获取较好的经济社会效益。

10. 基于北斗的农业机械导航及自动作业技术

10.1 技术简介

农业机械自动导航作业技术是智能农机装备的核心技术，可显著提高劳动生产率、资源利用率和土地产出率。以往该技术完全被欧美发达国家垄断，我国农机自动导航作业产品全部依赖进口。中国工程院院士、华南农业大学教授罗锡文团队从2004年起，以实现未来无人农场为目标，在国内率先开展了基于卫星定位的农业机械导航及自动作业技术的系统研究，实现了水稻生产耕种、种植、田间管理和收获全程无人机械化作业。项目团队已获授权发明专利13件，软件著作登记5件，团体标准1项，发表学术论文62篇（SCI/EI收录35篇），获中国机械工业联合会2019年科技进步一等奖1项。

10.2 技术创新

该项目研究突破了十项关键技术，取得了三大创新成果。

（1）突破了复杂农田环境下农机自动导航作业高精度定位和姿态检测技术。

（2）创新提出路径跟踪复合控制算法、自动避障和主从导航控制技术，提高了农机导航精度、作业质量和作业效率。

（3）创制了具有自主知识产权的农机自动导航作业线控装置和农机北斗自动导航产品。

技术装备

10.3 行业与市场分析

该技术能显著提高农机作业质量，避免漏行、叠行作业，减少在播种作业中出现漏播、重播的情况，降低中耕作业中的伤苗率，提高田间管理作业中肥药的利用率，降低在收获作业中的损失，经济效益和社会效益显著，市场前景广阔。截至2020年已在新疆等10个省份累计推广该技术作业产品1 300余套，推广应用379.6万亩，2018—2020年直接经济效益5 081.77万元，节本增收4.7亿元。该技术的研发和推广符合我国农机智能化、多功能、高效、节能的技术发展趋势，极大提升了我国农机北斗自动导航自主创新能力和产业化能力，有利于提高我国农机导航系统集成应用水平，打破国外农机自动导航技术产品的垄断，提高我国农业装备产业的国际竞争力，促进农业生产方式的改变，推动农业可持续发展和现代化建设。

11. 智能机器人采摘番石榴技术

11.1 技术简介

针对果农需求和番石榴生长特性，华南农业大学科研团队研究了一款番石榴采摘机器人。其核心技术主要包括机械臂、视觉感知和避障路径规划等，这些核心技术稍加改进同样可以迁移到其他水果（如苹果、菠萝和荔枝等）的采摘中，可以降低水果的采摘难度和采摘成本。本装备主要由6自由度机械臂、末端执行器、视觉检测与定位软件系统、避障路径规划器、计算机、深度相机、可升降移动小车、移动电缆等组成。

11.2 技术创新

（1）6自由度机械臂。机械臂重复定位精度为±0.02mm，重量为22kg，水平臂展位500mm，垂直臂展位890mm，负载为3.5kg，最快移动速度为1m/s，6个关节均有紧急制动功能，机械臂控制器是影响其性能的关键部件。该项目开发的专用芯片构成总线式回路，运用了视觉感知、引导规划和并行处理技术。并行处理技术包括机器人运动学和动力学的并行算法及其实现，是提高计算速度的一个重要而有效的手段，满足控制实时性。

（2）末端执行器。根据番石榴外形特点和力学特性，设计了一款拉拧式末端执行器，由抓握机构和旋转机构组成。抓握机构由一对拟人爪和一台舵机构成，两只拟人爪上开有不完全齿轮，通过舵机驱动不完全齿轮转动可实现抓握和张开两个动作；旋转机构由一台舵机构成，带动抓握机构旋转果实。

（3）视觉检测与定位软件系统。针对果实检测与定位难题，应用全卷积神经网络对RGB图像进行二值分割，然后将番石榴感兴趣区域转换为三维点云，基于随机抽样一致性的三维球体检测算法从三维点云中检测三维果实；针对树枝检测与定位难题，应用全卷积神经网络对RGB图像进行二值分割，然后将树枝感兴趣区域转换为三维点云，基于随机抽样一致性的三维直线段检测算法从三维点云中检测三维直线段。

（4）避障路径规划器。根据果实和树枝三维位置信息，设计了一种改进的人工势场法进行避障路径规划。该方法根据果实位置设计了一种吸引力场，根据树枝位置设计了一种排斥力场。吸引力场和排斥力场构成了人工势场。应用梯度下降法最小化人工势场以获得采摘机器人避障路径。

6自由度机械臂

末端执行器

视觉检测与定位软件系统

避障路径规划器

11.3 行业与市场分析

　　番石榴采摘机器人产品与服务符合农机市场智能化、自动化的发展趋势，预计2022年可在各大种植标准化的农场初步推广，可以销售数十套，产值数百万元。随着采摘机器人的大量推广应用，其在番石榴采摘应用上树立的标杆优势和影响力将会有效拓展销售渠道和口碑，而且近年来我国果蔬种植业越来越倾向于规范化种植，这给采摘机器人在实际应用带来了极大的机遇，未来5～10年采摘机器人将会出现爆发式增长，专家预计其年均复合增长率有望达到40%以上。该项目产品具有优越的性能指标，机器人可开放底层驱动、运动控制，为用户提供二次开发。运用其拓展性能，在配套开发各种末端执行器、传感器后，即可实施菠萝、柑橘、黄瓜等不同果蔬的采摘。

12. 畜禽养殖数字化管理集成技术

12.1 技术简介

为贯彻落实全国农业现代化规划关于实施智慧农业工程的部署，提高农业信息化水平，广东广垦畜牧工程研究院的科研团队针对畜禽养殖尤其是生猪养殖，建立与生产过程密切相关的精准环境控制物联网系统、精准饲喂管理系统以及生猪健康监测预警系统，通过获取各关键生产参数，对各系统数据进行梳理和集成后，进行相关数据的纵向汇总分析和横向关联分析，从而实现生猪养殖全程精准监控。

通过部署的传感器实时监测养殖环境指标，实现猪舍环境自动化控制。监测指标包括：温度、湿度、氨气浓度、甲烷浓度、硫化氢浓度、二氧化碳浓度、PM2.5、COD、BOD、pH、污水流量、SS、氨氮总量、总磷。该技术包括母猪群体智能饲喂管理系统和分娩母猪精准饲喂系统，在母猪妊娠和分娩阶段，分别利用相关电子饲喂站对每头母猪实施智能化精准饲喂管理。

12.2 技术创新

本技术包含移动巡检系统和疫病监测预警管理系统，具有以下特点：

（1）通过移动巡检App以选择、拍照、视频、语音等方式记录生猪健康状态及数量等数据，并同步记录后备母猪发情状况和饲料厂、猪场进出车辆情况。

（2）通过建立疫病监测预警系统，对猪群季度检测和健康状况进行系统管理，主要包括实验室检测管理、健康汇总统计、疫病风险预警管理等内容。

（3）基于企业各业务系统，通过接口获取养殖生产过程数据、繁殖育种数据、猪群健康数据、养殖环境数据、饲喂管理数据等，建立大数据库，再进一步实现数据定制展示和探针关联分析。分析维度多样，可单一数据纵向汇总，也可多维数据横向关联。

（4）全面覆盖生猪养殖的各种群、各阶段、各环节，实现数字化精准养殖。

（5）采用多维度数据集成分析，致力解决生猪养殖数字化"信息孤岛"问题，实时监控生猪养殖环境和疫病情况。

12.3 行业与市场分析

我国是生猪养殖及猪肉消费的大国，规模化生猪养殖已逐步成为行业主流，基于物联网、大数据等信息化技术的生猪养殖模式越来越被从业者认可和采纳，以期借助数字化手段发现问题、解决问题，实现生产管理水平的提升，进而达到降本增效的目的。同时基于生产及市场数据的预测和预警，为企业经营管理、产业布局提供重要决策依据。畜禽养殖数字农业集成技术将有巨大的发展潜力。

13. 田块级作物类型早期遥感监测技术

13.1 技术简介

及时、准确地掌握区域农作物种植类型分布信息，是进行精准农业"四情"（墒情、苗情、虫情、灾情）监测、产量预估的前提条件，对于帮助政府部门针对如农业物资调配、农产品价格稳定、种植结构调整等任务制定科学合理的政策具有重要意义。传统作物类型识别通常需要依赖完整生育期的观测，在作物收获后获得结果（即季后识别），无法满足信息的时效性。为此，一些研究人员提出"作物季内识别"，即在作物生育期内准确识别其类型，并通过作物最早可识别时间等指标来评价作物季内识别的性能。

广东省科学院广州地理研究所姜浩副研究员团队研发了田块级作物类型早期遥感监测技术。该技术构建了田块级岭南作物自动识别系统，包含作物季内、季后、轮作识别方法，满足了田块级高精度及高分辨率遥感监测的实际需求。

13.2 技术创新

（1）构建田块级岭南作物自动识别系统。结合光学与雷达遥感数据，采用深度学习技术，构建了田块级岭南作物季内识别系统。然后利用矢量瓦片技术构建了 WebGIS 系统，能够查看每个田块的作物类型和其他属性信息。

（2）满足高精度以及高分辨率监测需求。该成果基于 Bing map/Google map/GF2 等高分辨率光学遥感数据、Sentinel-1A 雷达时序遥感数据以及无人机数据，通过深度学习技术、尺度空间技术等，构建了作物季内/季后/轮作识别方法，测试表明，系统可以在作物成熟期附近达到最大精度，既能满足田块级高分辨率遥感监测的需求，同时也能满足我国南方地区因多云天气造成的有效光学观测稀疏的难题。

13.3 行业与市场分析

运用该项技术，可以在作物收获前，了解大田作物种植情况；同时该技术也是各类田块级农业监测如作物干旱、寒害、洪涝、病虫草害等监测的数据基础，成果既可为农业保险应用提供信息支撑，又可为政府部门针对农业物资调配、农产品价格稳定、种植结构调整等提供决策支持，具有广泛的应用前景。

14. 精准农业航空技术

14.1 技术简介

农业航空是世界农业发展的潮流，也是农业现代化发展的重要组成部分。而农业航空核心是精准农业航空技术，即在农业航空高效作业的基础上，结合由传感器检测信息生成施药处方图，有针对性地对农作物进行精准变量施药，从而实现节省农药，降本增效的目的。该概念由欧洲科学、艺术与人文学院院士，华南农业大学兰玉彬教授于2006年首次提出。兰玉彬教授在2014年回国工作后组建研究团队，积极联系政府、企业，推动我国精准农业航空技术高速发展，2016年牵头申报并获批国家重点研发计划"地面与航空高工效施药技术及智能化装备"重点专项。项目启动后迅速改变了我国在航空施药基础理论、低空喷洒沉降规律、航空静电喷雾技术、航空变量施药技术等方面的落后局面，我国无人机施药技术由跟跑变成领跑。

精准农业航空技术主要是指利用各种技术和信息工具来实现农业航空作业生产率的最大化，是精准农业技术在农业航空领域的应用，主要包括全球定位系统、地理信息系统、土壤地图、产量监测、养分管理地图、航拍、变量控制器及地面验证等精准农业技术。机载遥感系统可以产生精确的空间图像用于分析农田植物的营养状况、病虫害状况；空间统计学可以结合数据更好地分析空间图像，通过图像处理将遥感数据转换成处方图；变量喷施系统可根据已给出的作物处方图及航空喷施雾滴沉积模型控制喷施过程中的施药量；精准导航系统可根据作业区域地图规划出施药作业的航路图，并准确地使飞机沿着规定路线施药，有效避免重喷和漏喷；地面验证技术可以通过地面的雾滴沉积结果来为航空喷施作业的决策进行设计和指导。通过以上技术及设备的结合使用来实现对农田作物、精准喷施的目标。

14.2 技术创新

（1）联合建立农业航空应用技术专业实验室。针对国内典型粮食作物、经济作物的航空植保施药，联合国外先进的农业航空应用技术研究机构建立包括农业航空遥感实验室、农业航空作业平台研究实验室、农业航空喷施雾化研究实验室、农业航空检测技术试验室、农业航空药效研究实验室、农业航空传感器开发实验室、农业航空大数据实验室、农业航空技术集成实验室8个农业航空应用技术专业实验室。致力于精准农业航空、航空施药技术和航空遥感技术的开发与研究应用、农用无人机航空施药雾滴沉积分布规律、农用无人机低空遥感的农情信息获取与解析、农用无人机智能控制系统、农用无人机精准施药关键部件、控制技术与控制装备及农用无人机性能检测平台等关键技术的研究。

（2）建成世界农业工程领域最先进的风洞之一。该风洞依据国际ISO最新标准

ISO22856-2012设计和建立，是一种兼具高速和低速功能的复合风洞，是国内首个专门用于农业航空的高低速复合风洞。

华南农业大学精装农业航空团队

14.3 行业与市场分析

精准农业航空技术能显著提高农业航空喷施作业质量，减少农药用量，降低农药残留，提升农药防效，经济效益和社会效益显著，市场前景广阔。植保无人机更是精准农业航空技术在我国发展应用的主要代表，具体体现在以下几个方面：第一，植保无人机近年防治国内农作物病虫害的面积逐年大幅度增加，已从2014年的426万亩次，发展到2019年的4.41亿亩次，截至2021年，植保无人机单架年作业量为8 000 ~ 10 000，若未来植保无人机年防治面积达到30亿亩次，则植保无人机年保有量至少应达到30万架；第二，近年来植保无人机的应用领域已趋多元化。植保无人机的市场需求热点不断被挖掘，应用范围已从单一大田农作物，扩大到果树、蔬菜、茶叶等更多经济作物，"一专多能"的植保无人机不仅可进行农药喷洒，还可完成肥料和种子播撒、粉剂喷洒、作物授粉等作业，无人机已成为一种多功能的新型农机具，因此对其需求将会不断增加；第三，从全球范围看，随着我国正在引领植保无人机的高速发展，目前在飞行控制、超低空施药等技术和产业化水平上，我国植保无人机已居世界领先地位，目前已出口到欧洲、北美洲、亚洲等地区的20多个国家，今后出口到其他国家的数量还将不断增加。

因此，仅仅按照新增植保无人机50万架计，平均价格以每架8万元计，则其产值规模将达到400亿元，并带动上下游产业链发展增值数百亿元，产业需求巨大。随着精准农业技术的不断进步，精准农业航空产业的发展必将成为中国农业现代化建设的重要组成部分。精准农业航空技术将还会与5G通信、人工智能、大数据、云计算等现代信息技术相结合，相关标准及法律法规也会不断完善，我国精准农业航空产业必将持续、有序、高速发展，进一步实现按需精准使用化肥农药和实现农业病虫害的智能防治，助推中国农业植保转型升级，满足人们对生态环境的要求，推动我国生态无人农场和智慧农业的快速发展。

15. 水陆两栖养殖机器人

15.1 技术简介

推动渔业结构转型升级一直是我国现代渔业建设的重要任务和目标，而国内大多数养殖场仍处于传统人工养殖状态，存在多个固定节点难管理、成本高、养殖粗量化等问题。几乎所有的机器人平台都是针对性强、作业固定的工作平台，完成多项任务则需要多种机器人，成本较高；同时常用的水质监控主要是依靠固定节点检测，缺乏灵活性，而且对于大面积的水质检测需设立大量节点，导致成本大幅增加。

五邑大学张京玲团队研发了一款水陆两栖服务机器人，具有很强的环境适应能力和广泛的作业范围，能够适应那些人类无法完成作业的地形，如陆地、湖泊、河流、沼泽和海洋等，同时方便投放与回收，能安全快捷检测河道水质。

15.2 技术创新

（1）突破陆地障碍。通过独特设计的水陆两栖结构赋予机器人跨越水陆的能力，达到一台机器管理多个独立养殖场的效果。

（2）智能最优路径。通过AI算法和布谷鸟优化算法生成执行任务的最优路径，一键自动巡航完成任务。

（3）可更换的任务模块。利用独特的结构设计可将多种不同的执行模块分别安装在机器人上，用于执行不同的水陆两栖任务。其任务模块有水质检测模块、机械臂模块、鱼食投放模块等。

15.3 行业与市场分析

在特殊地形的作业和自然灾害的救援中，存在着耗费大量人力物力、水质难以检测以及安全隐患等问题。使用水陆两栖养殖机器人可释放大量人力和物力，减少投入成本，降低风险，从而减少生命财产的损失。设计水陆两栖服务机器人，是为了使传统人工实操产业转型为物联网的智能管理型产业。转型升级之后，能够提升特殊地形的工作稳定性，提高救援效率，为用户带来更大的安全保障和经济效益。该平台用于淡水养殖，能够降低人工成本，为用户带来更大的经济效益。根据实地使用数据预测，使用本系统产品能节约人工成本20%，渔业产量提高约30%，预计每亩可增收2 000元以上。

16. 自适应光伏驱动干深－时域智能控制精准灌溉关键技术

16.1 技术简介

　　水是农业的命脉，提高农业用水效率是缓解中国21世纪水危机的关键。我国属缺水农业大国，每年因干旱缺水造成的经济损失达2 000亿元。广东省农业用水占总用水量的50.8%，全省水资源开发利用率仅为23.9%；同时，广东省农业灌溉用水利用率约为45%，与利用率达78%～80%的欧美先进国家和利用率高达90%的以色列相比差距明显。广东高温高湿和山丘、洼地并存的自然特点，以及水肥药过度施放、病虫害高发、水资源流失、季节性旱灾等问题，对基于地力提升的科学灌溉提出了严峻的挑战。传统的水肥一体化联网手机App控制技术等灌溉控制技术难以兼顾作物增产和水肥药减量等制约地力提升的问题，而山丘施工难度大对灌溉装备轻量化也提出了挑战。农村人力资源紧缺且用电不便、能源紧缺，人力资源、水资源、能源成为严重制约农业生产发展的因素。因此，推行农业机械化水肥一体智能精准节水灌溉势在必行。

　　自适应光伏驱动干深－时域智能控制精准灌溉关键技术是利用太阳能光伏板将光能自适应转换成电能，以驱动水泵和干深－时域灌溉器等成套装备，并提供应急供电。通过土壤干深度、水胁迫时长、灌溉湿点时长，形成基于"时间－空间"的"作物－水分－肥药"的"干深－时域"的轮歇灌溉，使水肥药减量增浓提效、减少农药化肥污染，可枯草荣苗、透气增肥、干燥灭害（病虫害），以及阻水隔热，避免水分渗漏，防板结控盐碱，益菌生态修复，调控根叶花果，引根深扎展扩，控形控冠矮化，增加干物积累，对作物、土壤、生态环境指标进行多维度协同调控，少水多种、增土利用，不但节水节材节能，省工省肥省药，而且可实现高效高质高产、低耗绿色生态，从而提升地力。

16.2 技术创新

　　（1）干深－时域灌溉。土层干到上层探头所埋深度时自动灌溉，湿到下层探头所埋深度时按设置的时间自动断水，探头差异埋放即可实现轮灌。颠覆传统灌溉，克服水分率控制灌溉湿不到根底、定时灌溉易生病虫害和浪费水的难题，解决了首部灌溉浪费管材与需要棚房的弊端。

　　（2）模糊智能控制。装备了自诊断自我维护（LED指示灯，内设自修复和自维护系统可用于任意土壤作物，也能更精准地节水抗钝化，实现量化智能精准灌溉。

技术所获证书

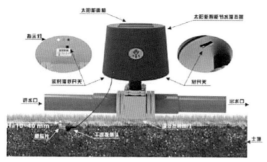

设备及其结构图

16.3 行业与市场分析

广东省农业生产能力在全国排名第四，对广东省的经济发展具有重要的影响。但广东农业生产缺水严重：一是资源性缺水；二是农业季节性缺水。作物开花挂果的1—4月和水果成熟的6—7月耗水量较大；三是水质性、工程性缺水，工业、农业排放的污染物导致水资源缺乏；四是地理性缺水，广东山地和丘陵地较多，不易保水和取水，且光照强，平均年蒸发量1 580mm，大于降水量下限1 300mm，导致水资源紧缺。随着劳动力、土地、电力成本不断上涨，区域间竞争加剧，发展无人、无市电的先进的智能节水农机装备，对于促进农业转型升级、高质量发展，实现农业的优质、高产、低耗、绿色、安全迫在眉睫。相比现有远程控制等滴喷灌技术，该技术装备与农艺结合更好，无须市电、无须人工，可实现智能高效精准节水灌溉，是一项极具推广应用前景的绿色生态农业技术。

17. 水稻航天生物育种关键技术

17.1 技术简介

水稻是我国最重要的粮食作物，以矮秆变异和不育变异利用为代表的两次水稻育种技术突破，确保了我国粮食安全和水稻研究的国际领先地位，充分证明了优良遗传变异在育种中的关键作用。但是，我国水稻育种长期存在遗传变异不够丰富、育种技术有待创新的突出问题，导致多元化、多性状综合突破的新品种选育进展比较缓慢。

华南农业大学国家植物航天育种工程技术研究中心团队研发了水稻航天生物育种关键技术。该成果聚焦于航天育种技术与现代生物学技术的集成创新，显著提升了优异种质创新和利用效率，服务于水稻重大品种选育。该技术利用航天诱变及地面重离子辐射，提出水稻基因组高频突变的新理论，实现了种质资源源头创新；针对水稻优质绿色高产目的性状，深度融合"数字化表型鉴定"和"高通量基因分型"，实现了优良变异的高效鉴定，创制了大容量梯度型突变体库；针对重要价值目的突变，结合单倍体育种技术，实现了优良变异的快速高效利用。

17.2 技术创新

（1）水稻基因组广泛变异高效诱发及固定技术创新。首次将空间诱变、重离子诱变、高通量基因分型与单倍体育种技术集成，构建了空间诱变生物育种技术体系，突破了传统方法"变异鉴定难、种质突破少"的重大技术难题。首次提出了基于单倍体诱导系的水稻遗传变异"一站式"固定技术，突破了遗传变异嵌合体的技术难点。

（2）水稻全基因组核心分子标记开发及全基因组选择。构建系统梳理与水稻重要农艺性状相关的遗传位点的模型，首次开发出水稻全基因组SNP核心标记，涵盖了水稻重要农艺性状，对于指导水稻遗传分离世代后代基因型的定向挖掘具有重要价值；依据多年多点表型及基因型拟合，建立了水稻重要性状全基因组选择育种模型，为模块化、精准化水稻生物育种提供了技术支撑。

（3）优质高产多抗水稻新品种（品系）选育。共育成55个高产优质抗病水稻新品种，其中华航一号等3个品种通过国家级审定，培杂泰丰等4个品种被认定为超级稻品种，华航48号、华航57号等17个品种米质达国标或部颁优质二级以上，华航38号等30个品种抗或高抗稻瘟病，航聚香丝苗、华航香银针等多基因聚合香型丝苗品系，形成了早中晚搭配，丰抗优兼顾的系列品种优势。

17.3 行业与市场分析

国以农为本，农以种为先。种子是现代农业的"芯片"，是确保国家粮食安全和社会稳定的"源头"。近年来，具有广东典型特色"粒型细长、外观晶莹剔透、食味品质佳"的"广东丝苗米"品种更是深受消费者的喜爱以及稻米市场的青睐，有力推动了广东省优质稻产业的转型升级。随着广东丝苗米振兴工程的推进，高端特优质丝苗米品种的育种工作面临诸多挑战。水稻新品种选育已呈现出精确化、模块化的生物育种特征，但广东丝苗米品种选育仍然以传统育种技术手段为主，缺少丝苗米重要性状相关的"表型＋基因型"大数据支撑，在优质、抗病、高产性状协同改良方面效果不佳，导致目前生产上主导的丝苗米品种存在不同程度的"短板"，限制了丝苗米品种服务产业的科技创新能力。该成果提出的水稻生物育种技术方案可有效提升优质稻品种选育效率，所育成的系列优质香型丝苗米品种可为广东丝苗米产业提供技术支撑，具有较强的市场与产业前景。

18. 广东生态茶园建设技术

18.1 技术简介

广东省茶园面积约占全国茶园总面积的2%，种植规模和产量较小，但广东省地处南亚热带，雨水丰富、热量充足，物种丰富，茶区自然生态环境优良，适宜建设生态茶园。广东省已制定地方标准《广东茶园生态管理技术良好规范》（DB44/T 2209—2019）和团体标准《广东生态茶园建设规范》（TGZBC 5—2018），明确了生态茶园的建设要求，为生态茶园建设指明了方向，但茶企对标准的理解程度不同导致生态茶园建设水平参差不齐，严重影响生态茶园的形象，因此急需详细的技术指引。

广东省农业科学院茶叶研究所生态栽培研究团队研发出"广东生态茶园建设技术"。该技术在充分分析可能对茶园生态系统造成影响的主要生态因子指标的基础上，结合广东省气候环境特点和前期调查及试验的结果，对各因子的调控指标值给出推荐限定范围，制定生态管理技术，力求在对生态环境最低干预度的情况下，实现茶叶优质稳产。

18.2 技术创新

（1）新建茶园的选址与整个系统动植物的生态位配置与规划技术。针对广东省的气候自然条件和适宜植物种类，筛选了部分适宜在茶园种植的与茶树无共同病虫害的植物种类，进行适当密度和位置的搭配，系统中适宜搭配 3 ~ 5 个茶树品种，茶树总面积占系统总面积的 50% ~ 80%。

（2）水土保持管理技术。针对广东省不同区域的降雨特点，在不同坡度、不同降水量的茶园分别制定了相应的水土保持策略，包括蓄水和排水等系统，以最大限度地利用自然水源。

（3）土壤生态管理技术。利用蚯蚓等土壤动物的消化分解作用，提出了生物有机培肥技术，并针对茶树的养分需求特性，研制出了茶树专用有机肥以及含有茶树所需多种微量元素的全营养有机肥。

（4）病虫害防控技术。采用生境管理技术，提升茶园生态系统自身稳定性，并引入多种害虫的天敌，维持不同种群的相对稳定，从而控制病虫害的大规模爆发。

间作百日草

间作金钱草

间作与覆盖综合应用

18.3 行业与市场分析

当前，广东省茶园仍然以单一种植模式为主，整个茶园生态系统物种单一，加之不合理的肥水管理措施，导致多数茶园生态环境恶化，土壤肥力下降，病虫害高发，产量和产品品质也随之下降，严重影响了茶园效益。因此，统一生态茶园建设标准，大力发展生态茶园建设，是提升广东省茶产业在全国乃至世界茶产业地位的有效方法。该技术适合应用于广东省粤东、粤西、粤北等茶区，要求茶园连片面积不小于50亩，同一区域的连片面积也不宜大于5 000亩。

19. 茶全产业链智慧管控关键技术集成与推广

19.1 技术简介

茶叶质量安全，是指饮用者因为茶叶的质量情况而影响身体健康的程度，即在规定的使用方式和用量的条件下长期饮用，对饮用者不产生可观察到的不良反应，是对茶叶质量和茶叶饮用安全性的一个总称。2009年至今，茶叶合格率保持在95%～99%，出口茶叶的农药残留合格率也达到90%以上，但茶叶质量安全事件时有发生，并引起消费者恐慌。随着移动互联网、物联网、大数据、云计算等现代信息技术与农业生产的融合应用，可以实现生产环境的智能感知、远程控制、灾害预警、可视化分析、远程诊断、辅助决策、专家在线指导等功能，不仅彻底补齐了传统农业发展过程中的短板，还对加速农业转型升级，培育农村新动能，促进乡村振兴，实现农业绿色、高效、可持续发展具有重要意义。

广东省农业科学院茶叶研究所凌彩金研究员的团队研发的茶全产业链智慧管控关键技术集成与推广，面向茶叶产业发展需求，在对产地环境和虫情进行监测的基础上，制定茶叶生产加工技术标准，开展物联网、云计算、大数据等智慧农业主要技术在茶叶产业的应用示范，建设和推广智慧茶园全产业链溯源管理平台，通过物联网系统，实时、全面、直观地采集和展示茶园生态环境数据，实现茶叶"生产—加工—流通"全产业链数据的智能采集、科学分析、全程溯源，提高了资源利用率和劳动生产率，构建了农业物联网系统的茶叶全产业链溯源新模式，加快了农业物联网、农产品溯源和茶叶标准化生产技术的成果转化，对确保质量安全，提升产品品质，提高企业效益，助推产业兴旺具有重要意义。

19.2 技术创新

（1）茶叶全息信息标识与表达技术规范。构建了科学规范、简化易操作的溯源流程，突出产地管理、投入品控制及质量安全检测等环节信息的记录，实现生产过程数据的现场快速采集，提高溯源信息采集效率，降低企业溯源成本，形成茶叶质量安全生产电子档案。

（2）建设信息互联共享平台。通过全产业链溯源数据挖掘与电子商务服务的对接，建设基于移动互联网的信息互联共享的茶叶产销安全资讯服务平台，促进茶叶品牌化发展，提高企业经济效益。

（3）基于多终端的农业物联网系统建设。基于多终端（电脑和手机）的农业物联网系统建设，实现对茶叶种植基地生产环境的实时监控、自动灌溉、预警预测、数据挖掘和分析。

（4）专家远程服务系统建设。基于远程视频和语音互动技术的专家远程服务系统建设，将农业物联网系统中采集到的数据快速推送给茶叶生产加工专家，由专家提供种植、加工、病虫害防控的技术解决方案。

19.3 行业与市场分析

该项目针对茶叶产业发展现状，开展茶叶生产加工技术规程梳理和标准化生产技术研究，利用物联网技术，建立起覆盖茶叶"生产—加工—流通"全产业链的全景溯源管理系统，提高茶叶生产加工水平，提升产品品质，确保产品质量安全；通过溯源平台与电子商务平台的对接，提高产品形象，培育农业品牌，促进茶叶在电子商务渠道的发展；通过建立远程专家服务系统，加快优质品种和先进技术的推广和普及，促进农业科技成果转化，以科技带动茶叶产业快速发展，促进农业发展、农民增收。

该项目构建的智慧茶园全产业链溯源管理平台，在生产加工环节，通过物联网监控系统，实现茶园的远程管理，预计每年每亩可减少茶园管理的人力成本投入3 000元；同时，通过专家远程服务系统，及时发现问题，并提供生产指导和远程诊断服务，减少了损失；此外，平台通过建立标准化的溯源流程规范，实现了溯源数据的快速采集，可减少溯源系统管理人员的人力成本，在流通环节，平台通过对接到电商平台和线下流通渠道，挖掘追溯信息潜在价值，为产品塑造良好的品牌形象，最终实现茶叶全产业链的信息化服务。

20.气吸式蔬菜精量直播技术及机具

20.1 技术简介

蔬菜作为种植周期相对较短、比较效益相对较高的农业产业之一，在农业结构调整与产业升级、一二三产业融合发展和乡村振兴中越来越受重视。2016年我国主要农作物耕种收综合机械化水平超过66%，但国内蔬菜生产机械化水平不到20%。蔬菜生产（种植）主要依靠人工完成，劳动强度大，作业效率低，从业者显现老龄化、妇女化、外埠化和家庭化的趋势，严重制约了蔬菜产业的发展，在国家大力提倡农业生产省工节本、提质增效、绿色发展的大背景下，亟须提高蔬菜生产的机械化水平。

华南农业大学曾山教授团队研发了气吸式蔬菜精量直播技术及机具。该成果采用气吸式精量排种器，能满足不同蔬菜种子的播种需求，同时，气吸式排种器相对于机械式排种器可以减少伤种率。

20.2　技术创新

（1）创新设计了一种气吸式蔬菜精量排种器。在分析了种子在吸种、携种和排种阶段的受力和运动情况之后，建立了相关工作过程的动力学和运动学模型，确定了排种盘直径、吸种孔形状与数量、吸种孔位置与尺寸等结构参数并应用于排种器中。同时进一步优化了排种器结构尺寸，使之可以满足部分蔬菜品种密植的农艺要求，具有较强的适应能力。

（2）创新设计了一种气吸式蔬菜播种机系统，并分析了蔬菜播种农艺要求，结合现有播种技术对开沟器、排种器、仿形机构等进行了针对性的设计与优化，可以满足蔬菜穴距可调、行距可选的多样化种植要求，实现了单粒精量穴播的播种目标。

作业效果

20.3　行业与市场分析

与目前市场上的蔬菜播种机相比，气吸式蔬菜精量穴直播机播种精度高，播种均匀性好，适应性强，可为蔬菜生产机械化提供装备与技术支持。采用气吸式蔬菜精量穴直播机，每亩可减少人工成本和雇工费用 200 ~ 300 元，按广东省 315 万亩的白菜类蔬菜种植规模计算，可节省人工成本 6.3 亿 ~ 9.45 亿元，若机械化种植率达到 50%，每 1 000 亩投入一台机器测算，直接市场容量为 1 575 台，直接市场价值为 4 725 万元。该技术可解决人工费用高、雇工难等问题，一定程度上增加种植农户收入，将对我国农村经济的发展发挥重要作用，是推进乡村振兴的重要举措。

21. 便携式机械化电动割胶技术

21.1 技术简介

天然橡胶是我国重要的战略物资和工业原料之一，2017年国内橡胶树的种植面积超过1 700万亩，主要分布在海南、广东、云南等热带亚热带地区。天然橡胶是由橡胶树割胶时流出的胶乳经凝固干燥而制成，但在割胶方式上大多依赖传统人工割胶的方式，人力成本占生产成本的60%以上。近年来受国际金融危机、国际石油价格大幅下降的影响，国际天然橡胶消费市场受到了强烈的冲击，天然橡胶市场持续低迷，加上天然橡胶采胶技术与工具落后、植胶企业亏本经营，导致大量胶工外流，产业用工荒凸显。据统计全国约有60万亩胶园弃管弃割，砍胶改种其他作物现象日益增加，每年干胶产量减产约15万t，损失约15亿元，传统割胶方式高昂的人力成本已成为产业面临的痛点，因此迫切需要对传统割胶工具及方式进行变革。

中国热带农业科学院橡胶研究所针对该行业痛点进行攻关，发明了一种4GXJ型便携往复式电动割胶刀，该设备不但能够对千差万别的橡胶树干进行仿形切割，并且能够对割胶深度和耗皮厚度实施毫米级别的精准控制，该割胶刀刀片锋利、耐磨、硬度高，锂电池容量高、寿命长、并且使用安全，现已与一些企业合作建立了便携往复式电动胶刀生产线，实现了批量生产。

21.2 技术创新

该成果已通过国家专业检测机构中国计量认证（CMA）质量检测认证，并获得了"第八届中国创新创业大赛（海南赛区）暨海南省第五届'科创杯'创新创业大赛初创企业组二等奖""第二十届中国国际高新技术成果交易会优秀产品奖""海南省博士协会第五届学术年会暨科技成果对接会合作成果奖"。

该技术突破了便携式割胶机械的世界性难题及加工制造工艺难题，填补了该领域的空白，率先实现世界采胶机械"从无到有、从有到好"的跨越式飞跃。便携往复式电动割胶刀具有以下多方面的优势：

（1）轻便舒适。人体工程学设计，方便携带与操作。作业功能多样化，可阴阳刀、高低线割胶，可开水线、新割线，可推割和拉割。

（2）机械操控。割胶深度和厚度由机械控制并连续可调，有效减少人为操作不当对胶树的伤害；无级调速，可根据树龄等不同需求，选择合适动力转速；老胶线不缠刀，起收刀整齐、割线平顺，无树皮碎屑污染胶水。

（3）操作简单。新胶工培训3d即可上岗，大幅节约培训成本。一键式操作，熟练使用后5 ~ 10s完成单株割胶作业，单株割胶效率提升60%左右，整体效率提升20% ~ 30%。

（4）模块化设计。整机按功能模块化设计，可快速拆卸、更换，大大降低了维修技术难度。

（5）续航能力强。采用进口锂电芯，电池性能稳定，容量设计4 000 ~ 6 000mAh，满电可完成600 ~ 800株胶树的割胶。

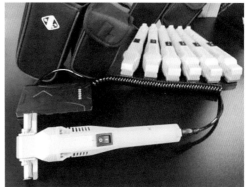

技术设备

21.3 行业与市场分析

天然橡胶既是热带地区重要的特色作物，也是我国重要的战略物资和工业原料。人力割胶成本居高不下，对机械化采胶的应用需求迫切。

早在20世纪70年代末，国内外开始研究电动割胶刀，按其切割形式可分为往复平动切式、横铣旋切式两大类，由于往复式电动胶刀对部件加工精度和材料耐磨性要求极高，国内厂家大多生产结构简单的旋切式电动胶刀。本技术研发的4GXJ-2型便携往复式电动割胶刀，其核心技术和性能处于国内领先水平，在国内未来几年的市场竞争中会有更大的优势。

22. 智能LED光氧化脱除乙烯技术

22.1 技术简介

近年来，水果产业逐渐发展为推动我国经济社会发展的重要产业。在果实采后成熟与病害相伴而生的现象中，乙烯发挥了跨界的双重作用：一方面，乙烯能促进果实成熟与衰老；另一方面，乙烯也能被果实的病原真菌感知，当作识别果实成熟和抗病性变弱的信号，激活病原菌的萌发和侵染活动。因此去除水果贮藏环境中释放的乙烯对于延长采后水果贮藏期、保持水果品质和减少经济损失显得尤为重要。华南农业大学研发了一种智能LED光氧化脱除乙烯技术。

该技术创新性地将LED光氧化技术、传感器技术和新材料技术相结合，智能调控水果储藏过程中的乙烯含量〔乙烯脱除速度10ppm/（h·m³）〕，从而延迟水果成熟时间和储存时间（典型水果如香蕉延迟成熟时间1周以上），进而降低水果的腐败率。

22.2 技术创新

（1）采用紫外LED柔性光源，微控制器智能控制，解决了传统紫外灯结构复杂、体积大、发热严重、能耗大和工作寿命相对较短等问题。

（2）采用低成本传感器检测乙烯浓度，灵敏度高、响应快、稳定性好、寿命长、驱动电路简单。

（3）可合成高性能氧化剂，其通过表面形貌（花形纳米片—纳米线/纳米片混合物—蜂窝纳米线—纳米线）调控纳米薄膜的性能。

（4）采用智能乙烯脱除装备，通过手机App客户端，可以查看实时相关数据，轻松进行监测和调节；该设备体积仅为50cm×15cm×15cm左右，便携性好。

22.3 行业与市场分析

据统计，每年我国因为水果保鲜条件未达标而损失的水果总量超过8 000万t，经济损失在800亿元以上。因此，保鲜是水果产业链上重要的一环，提高水果保鲜技术，在减少产业链损失，增强水果领域核心竞争力以及保证优质供应等方面具有至关重要的作用。现如今国内外水果保鲜技术呈现多样化发展，随着我国快递业及生鲜冷链行业的快速发展，水果保鲜技术必将向设备轻量化、便携化、能量利用高效化方向发展。该技术所采用的LED光氧化脱除乙烯方案和装备提供了一个良好的解决途径，具有较强的市场潜力。

23. 移动式果蔬产地快速喷淋预冷装置

23.1 技术简介

水果的采后预冷、贮藏、加工和市场营销是产业化链条中最薄弱的环节，且在这些环节中存在果农商品意识差、采后增值率低的问题，使得水果产业的整体效益没有得到充分发挥。商品化处理如分级、预冷、包装、冷藏和现代物流贮运能力弱，对火龙果、猕猴桃、桃、梨和樱桃等不耐贮运的水果采后处理不到位，导致贮藏期短，品质无法保证，产生季节性水果过剩，销售压力大。

华南农业大学吕恩利教授团队研发了移动式果蔬产地快速喷淋预冷装置。根据上述果蔬预冷存在的问题，结合果蔬预冷需求，该团队开发了基于冰蓄冷的果蔬田间快速预冷装置，该装置能够实现夜间蓄冷，白天预冷，根据果蔬特征自定义预冷参数，而且该装备具有杀菌功能，预冷的同时也进行了杀菌。

23.2 技术创新

（1）提供了一种移动式冷源解决方案。由于电力具有清洁、使用方便等特点，现有预冷装置大都以电力提供能源，还有部分使用加冰块进行冷藏。该项目采用蓄能方式储存能源，利用夜间低电价进行蓄冷，白天进行预冷，只需要极少的电量，使用车辆自带发电机或蓄电池即可解决，方便移动，且成本较低。

（2）探索了山地丘陵地区产地快速预冷新模式。探索果蔬产地快速预冷模式，寻找适合丘陵山地行走或搬运的小型预冷装置。在有电的情况下边制冷边预冷，在没电的情况下先蓄冷后预冷，满足不同情况需求。利用臭氧的杀菌功效，将预冷和杀菌技术相统一，冷水的温度越低臭氧半衰期越长，冷水能够达到较高的臭氧浓度，实现较好的杀菌效果。

技术所获证书

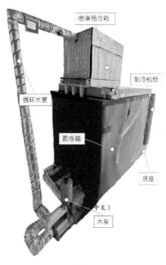

预冷装置

23.3 行业与市场分析

2021年中央1号文件提出，要加快实施农产品仓储保鲜冷链物流设施建设工程，推进田头小型仓储保鲜冷链设施、产地低温直销配送中心、国家骨干冷链物流基地建设。果蔬作为农产品的重要组成部分，因种植农户分散，种植面积小，种植地点偏僻等因素，预冷作为冷链物流的"最初一公里"问题最为薄弱，难度也最大。该装置为果蔬产地快速预冷提供了一种解决方案，为现代农业生产机械化提供技术储备，也为食品安全提供技术支持，预期该项目具有较好的应用前景。

　　该装置设备成本远低于现有的预冷装备，且使用成本较低，可以使用夜间较低的电价进行蓄冷，白天使用，大大节省了电费。该装置适用性较强，适合大部分果蔬预冷的温度，普遍适用于适宜水预冷的果蔬，保持了果蔬采后的品质，不仅能为农民增收，而且保证了果蔬的销售品质，具有较好的经济效益和社会效益，且由于使用清洁能源节能环保，该装置也具有较高的生态效益。国内产地预冷需求量大，对该类型装置需求迫切，且夏季采收的果蔬较多，采收时温度较高，大多数果蔬都需要进行及时快速的预冷处理，因此市场前景广阔。